FREKJA

Antje Hachmann

ARSCHLOCHHUND

Von Glitzerwelten in Hundeköpfen –
Per Anhalter durch die Hundeszene

Bibliografische Information Der Deutschen Nationalbibliothek:
Die Deutsche Nationalbibliothek verzeichnet diese Publikation in der
Deutschen Nationalbibliografie; detaillierte bibliografische Daten sind im
Internet über <http://dnb.d-nb.de> abrufbar.

Bei der Herstellung des Werkes haben wir uns zukunftsbewusst für
umweltverträgliche und wiederverwertbare Materialien entschieden.
Der Inhalt ist auf elementar chlorfreies Papier gedruckt.

Titel: Arschlochhund
Autor: Antje Hachmann
Lektorat: Manfred Luckas
Satz: Ralf Berszuck
Umschlagsgestaltung: Hox-Design
EBook-Gestaltung: Michael Sieger

ISBN 978-3-939994-70-1

1.   Auflage 2016
2.
3.

www.eyfalia.de
E-Mail: contact@eyfalia.com
Telefon: +49 2253 / 92822-90
Telefax: +49 2253 / 92822-99

Frekja ist ein Imprint der
© 2016 Eyfalia Publishing GmbH

Eine kleine Lesehilfe: die Darsteller in der Welt der Arschlochhunde

Der Gelenkbus: Arschlochhund 1

Seinen eigentlichen Namen, Fritz, hört der 8 Jahre alte Cane Corso fast nur, wenn es Ärger gibt. Den Beinamen Gelenkbus erhielt der Rüde wegen seines unglaublichen Wendekreises. Und der schier überkochenden, nicht vorhandenen Emotionen. Da ist er ganz Kerl und mental völlig damit ausgelastet, zu atmen. Solange kein anderer Rüde sein Revier kreuzt. Dann ist Party auf der Fregatte angesagt, das Goldkettchen wird gerade gerückt und das weiße Rippshirt bis zum Anschlag aufgepumpt. Schade nur, dass viele den armen Hund dann nicht mehr so ganz ernst nehmen. Die Halterin zum Beispiel.

Weitere Namen: Rüde, Galeere / Fregatte, Flugzeugträger oder Schleppanker.

Der Todesstern: Arschlochhund 2

Mit acht Wochen, genau bei Einzug in das Rudel, erhielt die heute 4-jährige Hündin den Namen Motzi. Kaum in die erste Pubertät gelangt, wurde der eigentliche Rufname in Uschi abgeändert – weil sie mal wieder irgendwelchen Mist baute. Wie fast immer. Mit Ausbau ihrer Flugfertigkeiten und dem unnachahmlichen Aufprallvermögen in andere Hunde, Menschen und Sachen kam die interne Bezeichnung Todesstern hinzu. Wissenschaftler vermuten, dass die Hündin als Welpe in einen großen Eimer mit einem wunderlichen Koks-LSD-Gemisch gefallen ist. Würde zumindest einiges erklären.

Ehemalige, prägende Arschlochhunde

Der Galgo des Grauens

Inzwischen verstorben, war der Galgo Español Gomez zehn Jahre lang Begleiter von Antje. Eigentlich wollte sie damals einen Rottweiler oder eine Dogge, als sie im Tierheim Kleve nach einem Hund suchte. Der Galgo war bei Sichtung des neuen Frauchens sofort der Überzeugung, dass nur sie diejenige sein könnte, die ihm ein statusgerechtes Leben bieten würde. Bereut hat sie ihre Entscheidung, den schiefnasigen, dünnen Windhund aufzunehmen, nie.

Seines Zeichens Hobby-Rottweiler, war der Galgo der beste und dünnste Hund, der jemals an Antjes Seite war. In seinem Leben trug er die Beinamen Rippchen, His Gomezness, tapezierte Kate Moss im Hundekostüm und Selle Royal (Nase wie ein Sattel für Rennräder). Oder schlicht und ergreifend: der Galgo.

Der Killerdackel

Der zweite Dackel der Familie, seines Zeichens Rauhaar aus jagdlicher Zucht, brachte schon zu Kinderzeiten der Autorin reichlich Leben in die Bude. Ständig musste Pit, B-Modell des Züchters, weil er nur einen Hoden hatte, aus irgendwelchen Karnickel-Bauten geschaufelt werden. Wichtigstes Utensil bei Spaziergängen in Wald und Flur war ein Klappspaten. Macht ja die Optik des Wanderers auch erst komplett.

Radarohren-Kessi

Die Podenco-Hündin zog ein, als Antje mit ihrer Schwester eine gemeinsame Wohnung bezog. Völlig verängstigt, aber jagdlich hochambitioniert, mussten Antje und ihre Schwester einiges an Blut, Schweiß und Tränen investieren. Den Job zu ernst genommen, wurde aus der Podenca ein überselbstsicheres Radarohr-Tier, welches nicht nur mit einer gewöhnungsbedürftigen Optik aufwartete. Die Jagdausflüge der Hündin waren legendär. Und äußerst lang. Spätestens hier konnte man ohne Zweifel eine gewisse Ignoranz gegenüber guten Tipps von anderen Hundehaltern erlernen.

Die Halterin und Autorin: Antje

Mit viel Ironie und Humor schildert Antje Hachmann in ihren Erzählungen und Erlebnissen den kleinbürgerlichen Alltag in der Hundeszene.

Mit 22 Jahren zieht sie ins Ruhrgebiet und entdeckt erstmals ihre Leidenschaft für das Schreiben und verfasst kurze Texte über den Alltag in Reitställen. Wenig später siedelt sie ins Rheinland über. Mit dem ersten Hund, dem legendären Windhund Gomez, zieht auch die Ironie in ihr Haus. Die Autorin und Fotografin bezieht alles und jeden in ihre ironischen Betrachtungen des Alltags ein und kann damit auch abseits der Hundeszene begeistern.

Weitere Begrifflichkeiten, unersetzlich in der Welt der Arschlochhunde

Tierschutz-Uschi / -Horst

Die inneren Werte der gemeinen Tierschutz-Uschi sind bisher nicht im Ganzen erforscht. Hier streiten sich noch die Positiv-Trainer mit den Naturalisten. Frau Rudelstellung hält sich da raus, weil man die Uschis nicht einfach untereinander austauschen kann. Herr Millan will mit ner Horde wildgewordener Frauen nix am Hut haben. Andere leiden still und rufen in regelmäßigen Abständen die Psychiater ihres Windhundes an. Sehr gerne werfen Tierschutz-Uschis ungefragt ihr gepflegtes Nicht-Wissen situativ völlig unangepasst in ein aufgezwungenes Gespräch. Hierbei ist es von äußerster Wichtigkeit, die meist an der Flexileine geführten, armen Auslandstierschutzhunde, die Uschis immer dabei haben, im Auge zu behalten. Die hatten nämlich alle eine schwere Welpenzeit und können für ihr Rüpel-Aggressionsverhalten nix. Diese armen Dinger.

Weber-Gesichtsgrill

Andere Umschreibung für einen gut sitzenden Maulkorb, den die meisten Arschlochhund-Besitzer im Laufe ihres Lebens mindestens einmal kennen lernen. Die verschiedenen Ausführungen (Plastik, Eisen, Leder) füllen je nach Wertigkeit, Belastbarkeit und Aussehen komplette Internetforen. Maulkörbe können übrigens auch prima für ein fehlendes Rocker-Image des Hundes benutzt werden.

Alternativ kann man das zu aggressive Aussehen der eigenen Töle, die einen Gesichtsgrill tragen muss, durchaus optisch abmildern. Ein Plastik-Wellensittich, hübsch angebracht am Metall-Maulkorb, hat hier schon große Erfolge beim ängstlichen Betrachter bewirkt. Auch der Arschlochhund fühlt sich, so dekoriert, durchaus verarscht und es treten Verhaltensänderungen – wenn auch nur kurzfristig – ein.

Glitzerknete und Murmeln

Die wohl wichtigsten Zutaten in einem Arschlochhundehirn. Zumindest sind diese Dinge das einzige, das man hinter den Hundeaugen sieht, wenn diese lieblichen Köter mal wieder eine völlig abstruse Situation bedingt haben. Wie zum Beispiel völliges Ausrasten beim Anblick eines netten, gut hörenden Familienhundes, der plan- und schmerzlos auf einen Arschlochhund zu rennt.

Die Struktur der Glitzerknete des eigenen Arschlochhundes sollte man kennen – dieses erleichtert den täglichen Umgang ungemein. Zumindest hat man dann eine Erklärung und kann ab und an desaströses Verhalten der Viecher vor sich selbst wohlwollend rechtfertigen.

Die Blackbox

Kabelbrand in der Blackbox des Hundehirns kommt öfter einmal vor. Dann kann man getrost den Klicker aus der Hand legen, die positive Konditionierung vergessen und alle Allheilmittel aus der Hundeszene stumm ad acta legen. Wer sich dann, ohne jeglichen Einfluss aus der Hunde-Guru-Religion, einmal intensiv mit der generellen Verkabelung im Arschlochhundehirn auseinandersetzt, könnte tatsächlich zum Kern der Sache kommen. Welchem, ist bisher unbekannt.

Mandala-Kotze

Die Mandala-Kotze wird von der geneigten Töle meist großflächig auf den einzigen Teppich, das teure Sofa oder mitten im Bett platziert. Fein wie ein Rorschach-Test zu lesen, ist die Mandala-Kotze ein ewiger Quell der Rätselfreude des Hundehalters. Was auch immer die Töle zum Auswurf veranlasst hat, ist eindeutig zweideutig in der Mandala-Kotze selbst zu erarbeiten.

Tena Lady oder Ersatzschlüppi

Diese Utensilien sollte man immer griffbereit – am besten bereits vor dem Lesen des Arschlochhundes – haben. Bewährt hat sich die Lektüre direkt auf dem Klo. Lach-Inkontinenz wird nicht vom medizinischen Dienst der Krankenkassen anerkannt.

Quoten-Tutnix oder einfach Tutnix

Der Tutnix hängt meist an einer sehr erfahrenen Tierschutz-Uschi. Wahlweise mit Flexileine oder frei laufend. Wenn die Tutnixe frei laufen dürfen, hören sie keinesfalls auf Rückrufkommandos. Das brauchen die auch nicht, weil die ja nix tun. Denken die Halter zumindest. Wenn man hier allerdings etwas genauer hinschaut, muss man einfach nur ernüchtert feststellen, dass der Tutnix durchaus weiß, wie man per Körpersprache astrein ein fettes „Arschloch, du bist angeleint und ich nicht und deswegen bin ich hier der Super-Arsch im Ring" tanzt. Böse Stimmen munkeln, dass Tutnixe auch ihren Namen steppen können, dies aber aus Imagegründen vermeiden.

Nahidiot-Erfahrung

Die kleine Schwester der Nahtod-Erfahrung. Anders als bei Nahtod-Erfahrung treten bei der Nahidiot-Erfahrung eher mörderische Absichten, unkontrolliertes Würgen-Wollen oder

11

Kontrollverlust der tretenden Extremitäten auf. Der Tunnelblick bei einer Nahidiot-Erfahrung ist durchaus als bekannt beschrieben. Die Nahidiot-Erfahrung ist in den meisten Fällen negativ behaftet und beschert dem Erlebenden einen wohlwollend hohen Blutdruck, einhergehend mit rotem Kopf sowie einer spontanen Logorrhoe.

Der goldene Aluhut

Eine Kopfbedeckung, meist aus mehreren Lagen vergoldeter Alufolie hergestellt. Ursprünglich wurde der Aluhut genutzt, um die Effekte von Telepathie zu blockieren. Das Tragen goldener Aluhüte hat sich inzwischen beim Lesen einschlägiger Hunde-Internet-Foren bewährt. Anhänger der Rudelstellungs-Theorie, permanente Stachelhalsband-Nutzer und sonstige paranoid anmutende Trainings-Neurotiker können, zumindest bei der lesenden Aufnahme, sicher vor dem Einfall in das eigene Hirn blockiert werden.

Inhalt

Prolog

„Wenn dich keiner hasst, machst du etwas falsch."
—Dr. House

Es ist schon unglaublich, welche Masse an Reaktionen eine Seite in sozialen Medien hervorrufen kann. Nicht nur die absolut amüsanten, ehrlichen und vor allem vielen Kommentare zu den einzelnen Geschichten – nein, auch die Kritik, die es gibt – bis hin zu Anfeindungen, die mich per privater Nachricht erreichen. Am häufigsten wird sich am Namen, dem Arschlochhund, gestoßen.

Auf der anderen Seite wurde ich einige Male als „Carrie Bradshaw der Hundeleute" (nach der Hauptdarstellerin der Serie *Sex and the City*) bezeichnet.

Es wäre absolut gelogen, wenn ich sagen würde, dass mich diese ganzen Reaktionen, positiv wie negativ, nicht berühren würden. Sie tun es, und das wirklich sehr! Viele von euch schreiben von ähnlichen Situationen (ok, grüne Kotze von gefressenen toten Wellensittichen hatte ich mangels Wellensittich noch nicht), Gedanken und Abläufen. Und allen gemeinsam ist die überall spürbare, absolute Liebe zum Tier. Auch oder gerade, wenn es hier als „Arschloch" tituliert wird.

Doch: Was ist so schlimm an diesem Ausdruck? Natürlich hört es sich erst einmal hart an und man stockt zu Beginn beim Lesen oder gedanklichen Nachverfolgen. Im normalen Sprachgebrauch wird dieses Wort von der Mehrheit der Menschen in Wut, Rage oder Zorn benutzt. Wenige nutzen es jedoch mit einem Schalk im Blick, mit dem Gedanken „Mann, was bist du ein Arschloch, aber ich liebe dich genau deswegen", mit einem Grinsen im Gesicht.

Aber genau das ist es! Meine Hunde, meine Arschloch-Hunde, liebe ich über alles. Jede Zeile ist für sich eine Liebeserklärung an meine beiden Idioten, die unterschiedlicher nicht sein können und doch so gleich sind. Beides sehr charakterstarke Tiere, die von mir auch genau dafür so geliebt werden. Für jede ihrer Angewohnheiten, ob nun passend, gut oder schlecht. Ich habe mich für meine Tiere entschieden, als ich sie angeschafft habe. Und zwar mit allen daraus resultierenden Konsequenzen. Ob es eine Mandala-Kotze vor dem Bett ist, eine vor Wut und Hormonen tobende Hündin, ein wild um sich geifernder Rüde in der Rüpelphase oder eine Fernbedienungen fressende Hündin, die mich mit ihrer Bellfreudigkeit an den Rand des Wahnsinn treibt. Es sind die Momente der überschäumenden Lebensfreude, diese kurzen Blicke, ein sanftes Wedeln, ein Abschlecken des Gesichts, wenn man sich gerade frisch geschminkt hat. Ein warmes Hundefell im Bett, wenn die Welt draußen furchtbar ist und man aufgeben möchte. Wenn noch nicht mal die beste Freundin (für Männer halt der beste Freund) weiter weiß. Das ruhige, gleichmäßige Atmen auf der Couch, auch wenn man am nächsten Tag wieder eine Stunde mit dem Putzen und Entfernen der ganzen Haare und Sabber beschäftigt ist.

Ich zahle, ohne mit der Wimper zu zucken, eine Physiotherapie, wenn es dem Hund hilft. Ich kaufe das Futter, das ihm gut tut, damit er keine Magenschmerzen mehr hat. Ich besuche Vorträge, Seminare, bilde mich fort, um ihn besser zu verstehen. Ich arbeite an mir, nehme mich zurück, fordere mich, stelle mich in Frage, werde charakterstärker, um meine hauseigenen Arschlöcher gut zu führen, ein intaktes Miteinander zu haben. Ich kaufe mir ein Auto, das nicht nur im Beruf, sondern auch auf dem Feld einiges aushält und gleichzeitig auch noch als Kindertransporter herhalten kann.

Meine Hunde tragen im Regen und Winter Decken, damit der alte Rüde nicht so dolle Schmerzen hat und die Uschi sich keine Muskelzerrung zulegt. Ich kraule ihnen Löcher ins Fell, wenn es ihnen nicht gut geht.

Und ich nenne sie Arschloch, immer mit einem Grinsen im Kopf. Weil es MEINE Arschlöcher sind. Und ich sie genau dafür liebe. Genau wie sie sind. Erziehung haben beide, auch wenn es sich manchmal nicht so liest. Sie wissen haargenau, wie weit man bei mir gehen kann und wann man besser ganz furchtbar kleine Brötchen backen muss.

Diese Beziehung kommt nicht von ungefähr. Es war harte Arbeit, auf beiden Seiten. Und es wird immer Arbeit bleiben. Aber ich stehe voll hinter meinem Grundgedanken: Es sind und bleiben Tiere, aber solche mit Charakter, Eigenarten, rassetypischen Merkmalen, Hormonen, schlechten und guten Tagen, Kopfschmerzen, Rückenschmerzen. Diese Tiere haben all das, was auch uns Menschen im Alltag in unserem Verhalten anderen gegenüber beeinflusst.

Sie abzugeben oder aufzugeben ist für mich keine Option. Natürlich habe auch ich Tage, an denen ich gar nicht lustig bin und alles hinwerfen will. Aber Aufgabe war nie und wird nie mein Weg sein.

Das habe ich von meinen Hunden, egal, ob es der edle Straßen-Galgo oder die Züchter-Köter sind, gelernt. Ich lebe im Hier und Jetzt. Mit meinen Erfahrungen aus der Vergangenheit und viel freudiger Erwartung an die Zukunft.

Und ich nenne sie weiter meine Arschlochhunde.

Ich sehe was, was du nicht siehst

Jedem Hundefreund sei einmal im Leben die Haltung eines Windhundes, speziell eines Galgo Español, geraten. Hat man einmal zehn Jahre so einen ollen Sichtjäger (ja, so heißen die wirklich) gehabt, sieht man auf den Hundespaziergängen rumlatschendes Wild definitiv schneller als vorher. Einmal bin ich fröhlich humpelnd – weil ich morgens über den verdammten Brontosaurier-Oberschenkelknochen, den meine Hunde zur Zahnzwischenraumreinigung benutzen und der ständig irgendwo blöd im Weg rumliegt- gefallen bin) zur Abendrunde ums Feld vor meiner Haustür losgezogen. Kaum war ich in den Feldweg eingebogen, bemerkte ich etwas: Unruhe. Im Hundehalterschädel ratterte sofort die Checkliste „Was macht meinen Hund so hyperaufmerksam?" los:

 Todesfeind kommt entgegen (Check: keiner da)

 Total fremder Hund geht um unmögliche Uhrzeit hier spazieren (Check: Wer sollte um die Uhrzeit wohl hier im Nieselregen spazieren gehen? Mir fielen da nur die verdammten Hasen ein)

 Hasen (Check nicht möglich: Gras zu hoch, Weizen zu hoch, die Kackviecher hocken überall. Überall!!)

Nachdem der Hundehalterhirn-Check ergeben hat, dass es wohl Hasen sein müssen, blieb Schreddertier (Hund eins) halt an der Fünfmeter-Leine und der Gelenkbus (Hund zwei, hat diesen Namen wegen seiner absolut filigranen Art, sich zu bewegen, bekommen) durfte weiter frei laufen. Aus dem einfachen Grund: Bis der mal in Tritt und in Fahrt kommt, haben die Hasen schon drei Kuchen gebacken. Mindestens.

So ermutigt, humpelte ich dann fröhlich weiter. Die Hunde waren immer noch ziemlich unruhig, ständig in hab Acht und Ich-krieg-das-wenn-ich-nur-wüsste-was. Nachdem ich dann um die vorletzte Ecke auf dem Weg zur Wiese entlang ging, regte sich mein Galgo-geschultes Auge: Das Kack-Reh. Frech wie Rotz glotzte es mich aus den Grashalmen an, kaute hektisch hin und her und tat so, als ob es beunruhigt wäre. Raffnix und Checknix an der Leine waren immer noch hochmotiviert, aber völlig planlos. Ich erkannte den Ernst der Lage sofort (werden Hundehalter eigentlich auch geklickert? *click* braaaaav), schnallte den Gelenkbus an die Leine und humpelte weiter meines Weges.

Was machte das Kack-Reh? Sprang natürlich hektischst direkt am Wiesenrand, wo der Weg ist – man kann ja nicht auf die Wiese nach hinten ausweichen, wo man sich verstecken kann... neeeee – hin und her. Raffnix und Checknix hatten auf einmal doch einen Plan: Kack-Reh zum Abendessen. Und zwar am Stück, gerne auch hektisch zuckend.

Während ich mir ausmalte, welche Farbe mein Gesicht wohl haben würde, wenn ich jetzt falle und mich die zierlichen Hunde-Elfen mit möglichen 40 Sachen durch das Gras schleifen, konnte ich doch tatsächlich – auf einem Bein, mein zweites wollte woanders lang – die Hunde irgendwie in Richtung eigener Häuslichkeit bugsieren. Und so habe ich dann mit einem Gang, der jeden Piraten hätte neidisch werden lassen, mit zwei hyperventilierenden, zusammen 100 kg schweren, schnaufenden Molossern, den Weg nach Hause geschafft und bin doch irgendwie froh, dass der Galgo mir was Wertvolles fürs Leben beigebracht hat: Wenn du das Wild zuerst siehst, fliegste nicht auf die Fresse.

Pilz! Die haben Pilz!

An dem Feld, wo ich übrigens wirklich gerne wohne, fängt spätestens im April die „Isdochauchnhund"-Saison an. Hurra! Ich mag mein Landleben. Wirklich. Schön ruhig (wenn man nicht gerade von einem SUV mit Pferdehänger übern Acker gejagt wird), nette Nachbarschaft, entspannte Menschen. In der Woche. Und im Winter. An Wochenenden, spätestens mit den ersten warmen Sonnenstrahlen, kommen natürlich andere Naturbegeisterte und sofort ist es hier wie in ner schlechten RTL Doku Soap. Denn dann kommen die Saison-Schönwetter-Gassi-Spazierschlenderer. Mit meist total verzogenen, wild vor sich hin kläffenden, total netten Familienhunden.

Wenn man, wie ich, 100 kg geballte, territorial recht engagierte Hunde an zwei Händen spazieren führt, mutiert es doch manchmal zum Spießrutenlauf. Auf dem Feldweg, rechts Bäume und Wand (Lärmschutz), links hochgewachsenes Feld, begibt sich dann schon mal ein recht illustres Schauspiel.

Man stelle sich vor: geradeaus in Sichtweite ein netter Familienhund (wild an der Flexi-Leine tobendes Etwas in Schuhgröße 34). Ich nehme meine Hunde – artig wie ich sein kann – ins Fuß und positioniere mich strategisch günstig (natürlich alles heimlich eintrainiert, damit die Köter nicht direkt merken, was die Uhr geschlagen hat). Auf die Ferne sehe ich, wie der nette Familienhund (...) kurz genommen wird, um ihn loszulassen. Mein Hirn fragt sich: ?

Ein lustiger Ruf folgt sogleich: Oh, wie nett, das sind ja auch zwei Hunde, da können die ja was spiiiiiiiiiieeelen! Vor Entzückung klatscht es noch in die Hände, was da am Ende der Flexi-Leine hängt.

Mein Entzücken hält sich dagegen stark in Grenzen. Während mein Hund eins schon mit wackelndem Hintern, angespannter Muskulatur und spektakulär aufgebürstet eine optimale Kaltstart-Position einnehmen will, muss Hund zwei erst noch die Seh-Rohre kalibrieren und abchecken was das da ist: klein – pelzig – schnell = Hase? Ratte? Das Arschlochtier von letztens, welches es gewagt hat, in unseren Garten zu atmen? Anscheinend bei der Frage angekommen, hat Hund zwei das Kugelfisch-Syndrom und bürstet explosiv mit auf. Schön auf dicke Hose machen, man muss ja repräsentieren.

Mit kollisionsbereiten 100 kg an der Leine mag ich nicht diskutieren. Aber auch nicht mit dem Halter des netten Familienhundes (...). Nicht nur, dass ich Angst habe, dass der Gelenkbus in seiner unerreicht zierlichen Galoppade die Schuhgröße 34 einfach mal eben niederwalzt. Weil er mal wieder nicht bremsen konnte. Ne, ich hab keinen Bock auf irgendeinen Stress. Deswegen hab ich ja Leinen. Und Kommandos.

Leise kommt mir ein Beitrag, den ich einmal auf Facebook las, in den Sinn: Das verbale Pfefferspray der Leinen-Arschloch-Besitzer. Laut schmettere ich dem Kleinsthund-Besitzer entgegen: „PILZ!!! DIE HABEN PILZ!! AUCH FÜR MENSCHEN ANSTECKEND! JUCKT ERBÄRMLICH!"

Was so nette Familienhunde auf einmal hören können. Und wie schnell die weg sind. Erstaunlich. Der Familienhund-Besitzer kreischt hektisch seinen Hund heran, Als der nicht schnell genug kommt, bewegt sich der Besitzer doch tatsächlich auf seinen Hund zu und entwickelt auf einmal fast Lichtgeschwindigkeit, seinen Hund an die Flex-Leine zu nehmen. Danke an den Erfinder des „Der hat Pilz". Du hast mir diesen Sommer gerettet. Und die nächsten auch.

Eier ab!

Wer jemals das Vergnügen hatte, einen voll im Saft stehenden Rüden im Kleinpferdeformat sein Eigen zu nennen, wird mir bei den folgenden Zeilen wahrscheinlich heftigst nickend zustimmen. Der Rüde an sich wird ja in seinem Leben des Öfteren von seinem Testosteron eingeholt. Erste Pubertät – zack, sind die da, diese lustigen kleinen Dinger, die so schön wirr im Kopf machen. Aus dem süßen, kleinen oder nicht so kleinen Hund wird ein pubertierendes Miststück. Manche haben Glück, die haben Rüden, die einfach nur mal nicht hören oder vielleicht auch nur plötzlich im Bett schlafen wollen.

Mit meinem Galgo hatte ich derartige Probleme überhaupt nicht, dafür aber massenhaft andere. Der kam schon mit unter einem Jahr kastriert zu mir. Und ehrlich gesagt habe ich mir damals auch keinen Kopf um solche Dinge gemacht. Aus dem Tierheim hat man kastrierte Hunde bekommen, basta. Und der Galgo sollte ja auch eigentlich ein Rottweiler oder eine Dogge sein – hatte ich mir zumindest so vorgestellt. Dass ich im Endeffekt mit geballten 24 Kilo Rippen das Tierheim verlassen würde, die sich aber mindestens für einen Rottweiler hielten, war mir damals noch nicht bewusst.

Somit hatte ich mit intakten Rüden bis zum Einzug des Gelenk-busses eigentlich nur wenige Erfahrungen. Die, die ich hatte, beruhten allesamt auf Killerdackeln. Und bei denen schiebt man eher nix auf die Hormone. Die Dackel unserer Familie waren auch eher Wadenbeißer (meistens meine Waden) oder herausragende Im-Hasenbau-Verschwinder. Natürlich hatten wir auch immer ne Schaufel dabei, um den verirrten, im Jagdwahn befindlichen, niedlichen Gesellen wieder aus den Bauten herauszubekommen. Von Hormonen, fütterungsbedingten Schäden, Hundeschule, Pubertät...keine Spur. Wir hatten einfach Hunde.

Nun hatte ich vor einigen Jahren also einen intakten Cane Corso-Rüden in der ersten Pubertät und einen Galgo, der Gefühlsausbrüche anderer Hunde immer mit einem Schrei nach dem Psychiater oder Amnesty International quittierte. Wenn der Gelenkbus es zu doll trieb, hat der Galgo dem einmal ordentlich eins auf die Mütze gehauen, dann war der Gelenkbus so dermaßen von dem wahnsinnigen Knochengeklapper irritiert, dass er sofort pariert hat. Zu dem Zeitpunkt habe ich mich ehrlich gesagt auch noch rein darauf verstanden, dass ich Hunde gehalten habe. Das Internet hab ich überhaupt nicht befragt – und frage mich bis heute, warum ich es jemals getan habe.

Mit Einsetzen der zweiten Pubertät ging es dann ab im Hause Galgo. Dieser war inzwischen in die Jahre gekommen und dementsprechend – immer noch mit weit aufgerissenen Augen nach dem Psychiater schreiend – total angepisst, wenn der Gelenkbus im jugendlichen Wahnsinn mal ganz weit die Braunkohlebagger-Schaufel aufgerissen hat. Man muss ja repräsentieren. Und ich, das blöde Frauchen, hatte auch immer noch das absolut zuckersüße Bärchen vor dem geistigen Auge, welches total verspielt mit anderen Hunden über die Wiese wetzt. Meine eigenen Scheuklappen immer schön auf, habe ich dann den Moment verpasst, wo ich dem Rüden einfach mal hätte sagen sollen, wer die Schuhe bei uns im Hause an hat (wenn nicht der Galgo, dann ich). Es kam, wie es kommen musste: An einem Tag musste ich einen vor Wut und Hormonen schreienden 60 kg Rüden von einem Zwingergitter kratzen, an das er sich geheftet hatte, um den dahinter lebenden Kangal möglichst in einem Stück durch die Gitterstäbe zu ziehen. Der hatte nämlich blöd gebellt, geht ja mal gar nicht.

Die Galgolette stand hinter uns und wollte nicht mit uns in Verbindung gebracht werden. Das Personal mit dem Rolls-Royce würde bestimmt gleich da sein und ihn schnellstens in sein Schloss zurückfahren. Wo der Psychiater bestimmt schon warten würde.

Dieser Tag war mir dann eine Lehre. Ich zog aus in die Weiten des Internet. Nach einer Stunde war ich das schlechteste Frauchen der Welt, traute mich überhaupt nicht mehr, meine Hunde auch nur anzusehen. Gottseidank habe ich eine fähige Hundetrainerin, die mir einfach mal den Kopf wieder gerade gerückt hat und mir einen wirklich guten Trainingsweg an die Hand gab.

Zu diesem Training gehörte dann auch ein Kastrations-Chip. Ich wollte nämlich eigentlich gar nicht, dass der stolze Gelenkbus seine Cojones verliert. Ist doch ein Rüde! Die haben doch Eier! Aber er war einfach nicht mehr ansprechbar unter seinem Hormonwahn und es wurde mir doch ein wenig zu heikel, diesen Hund eventuell einmal entgleisen zu sehen – nur, weil ich einen „ganzen" Hund wollte.

Und zugegeben: Dieser Chip hat beim Gelenkbus wirklich geholfen. Die Trainingseinheiten wurden erfolgreich und er verstand, was ich von und mit ihm wollte. Alles, was ich mir vorgenommen hatte, wurde eintrainiert und ist bis heute wunderbar abrufbar.

Den Chip habe ich bis heute immer wieder setzen lassen. Dummerweise habe ich dann ein bisschen aus den Augen verloren, dass ich nun mal einen Gelenkbus habe – sprich 60 kg Hund. Und diese Hormondinger haben ja alle eine Größe, egal, ob die nun in einen Dackel oder eine Dogge injiziert werden. Hätte mir auffallen sollen. Hätte.

Bei der letzten Läufigkeit meiner Hündin hat dann der Chip nicht mehr wirklich gewirkt. Das war schon ein Spießrutenlauf vom feinsten. Nerven hatte ich in der Zeit wirklich nicht mehr. Und der Rüde hatte sich mal eben 12 kg runter gehungert. Ich hätte ihn astrein als Tierschutzfall meistbietend verkaufen können. So schlimm sah der Galgo in seinen schlechtesten Zeiten nicht aus wie mein eigentlich stolzer Gelenkbus-Arschlochhund. Danach wollte ich schneller sein. Der Chip wurde gesetzt, ich war erleichtert und hab auch direkt das dicke Ding, das ein Jahr wirken soll, geordert. Bei den Ausmaßen meines Hundes sollte das doch für sieben oder acht Monate reichen, oder?

Ich hab die Rechnung aber ohne die Herstellerfirma gemacht. Leider Gottes kommen ja Produktionsfehler vor. Und genau so ein fehlproduziertes Teil ist nun in dem Gelenkbus – nur diesmal bin ich schneller. Bevor er sich wieder in einen wirklich lebensbedrohlichen Bereich runter hungert, kommen die ab, die Eier. Und es wird einen Aufschrei in der Internetgemeinde geben. Man kann ja schließlich alles irgendwie lösen, oder?

Heute kann ich für mich sagen: Nein, das kann ich nicht lösen. Nicht mit einer intakten Hündin im Haus und fehlenden Trennungsmöglichkeiten, geschweige denn den eigenen Nerven, ständig einen Rüden wieder auffüttern zu müssen und sich Anfeindungen und Tierschutz-Androhungen von Halbwissenden oder Internet-Helden anhören zu müssen. Alles hat nun mal Grenzen und ich habe wirklich lange versucht, dem Rüden die Eier zu erhalten.

Nun kommen die ab und es herrscht hoffentlich bald Frieden. Und ehrlich gesagt möchte ich auch mal einen leicht übergewichtigen Hund haben. Nur um mal zu wissen, wie das so ist, nicht ständig sagen zu müssen: Männer füttern? Muss man das?

Sie sind ab, die Eier

Der Rüde hat es überlebt. Männlich wie ein Rüde nur sein kann, hat er sich vor dem Termin heute natürlich mitten im Wartezimmer aufgeführt wie ein Spielmann auf Drogen. Laut vor sich hin jaulend und winselnd, wussten wahrscheinlich auch noch die Leute drei Straßen weiter, dass heute, gerade heute, dem stolzen Italiener das Scrotum geleert wird. Könnte natürlich auch sein, dass der Gelenkbus einfach nur nach seiner Hündin geschrien hat, die aus praktikablen Gründen bei der Zweitmama bestens untergebracht war.

Seine Entrüstung, die schmerzerfüllten, in höchsten Tönen gejammerten Lieder, haben natürlich die gesamte Praxis erfreut. Niemand musste mit irgendwem reden, der Rüde hat alles freundlich, aber bestimmt übertönt. Ich habe mich ein wenig in Grund und Boden geschämt. Aber wirklich nur ein wenig.

Ein komisches Gefühl ist es schon, wenn man dann vor der Narkose den hormonell völlig hirnlosen Arschlochhund auf die Waage schickt – und dann nur noch geschlagene 47,9 kg angezeigt bekommt. Wieder runter gehungert auf Kate Moss-Maße. Ein Tränchen hatte ich da schon im Auge, ganz ganz ehrlich. Im besten Fall sollte er eigentlich seine 60 kg drauf haben. Er sieht derzeit einfach nur aus wie ein zusammengeschraubter Molosser-Windhund. Aber falsch zusammen geschraubt: vorne Molosser, ab Schulterpartie Windhund. Vielleicht mache ich dieses Mal doch Bilder für den Tierschutz, falls mich, wie beim letzten Hormon-Hungerstreik, jemand als Tierquäler bezeichnen möchte. Dann kann ich direkt Beweisbilder mitgeben. So als Service. Ich bin ja nett.

Nachdem wir mit drei Frauen das Tier auf dem Tisch hatten, hat der Gelenkbus begriffen, dass heute was anders ist. Er liebt seine Tierärztin, die gute Dr. Andrea Jansen aus Leichlingen. Er liebt auch alle anderen aus der Praxis. Und die Praxis. Aber so oben auf dem Tisch…da ist was faul im Staate Dänemark. Aber so richtig. Während ihm der Zugang gelegt wurde, war ihm dann auch nicht mehr nach Wein, Weib und Gesang. Ein zitternder Haufen Hund, der aber immer noch voll Vertrauen alles mitgemacht hat, was wir von ihm wollten. Die Narkose setzte auch recht schnell ein und wir haben meinen geliebten Arschlochhund wohlpositioniert. Danach musste ich wirklich schnell das Weite suchen. Als ich das letzte Mal einen Hund in Narkose begleitet habe, war es mein geliebter Windhund. Bei ihm war es allerdings die Narkose vor dem Einschläfern, und alleine der Gedanke an die damalige Situation hat mir das gesamte Wasser des Rheins in die Augen getrieben.

Nachmittags habe ich dann freudig strahlend den Gelenkbus wieder fröhlich singend (also er sang, nicht ich) in Empfang nehmen können. Im Gutachterdeutsch würde ich jetzt sagen: Zustand nach Ex-Scrotum. Leicht an den Haaren herbeigezogen, liest sich aber cool. Meine Freundin und ich haben das noch leicht duselige Tier in den SUV verfrachtet, zuhause neben die

Couch gelegt und uns gefreut, dass alles gut gegangen ist. Man ist ja Weib, das Tier ist Familie und ich habe danach auch erst mal geheult. Der Rüde hat natürlich gern mitgeheult und die Hündin wusste mal wieder nicht, worum es geht.

Nun liegt der frische Kastrat auf der Couch, träumt immer noch von seiner Hündin, trällert mir leise seine Lieder ins Ohr und ich bin einfach nur froh, dass alle wieder hier sind.

„Ich halt mal Abstand, meiner iss n Arschloch!"

Noch nicht ganz wach, schallte mir dieser Satz heute Morgen beim Spazieren im neuen Territorium entgegen. Moment. Es gibt noch andere Arschloch-Besitzer, die sich auch noch dazu bekennen? Hervorragend. Hier bleib ich. Mit einem milden Lächeln hat der Arschloch-Besitzer seinen wild an der Leine zerrenden, lieben und netten Aluschalen-Hund von dannen gezogen.

Meine hauseigenen Arschlöcher waren derweil noch nicht ganz auf Sendung oder haben das hamstergroße Teil an der Flexi überhaupt nicht wahrgenommen.

Während des weiteren Weges kommen mir nur selten andere Hunde entgegen, was das Spazieren hier, an unserem neuen Wohnort, wirklich angenehm macht. Überhaupt bin ich hier in den seltenen Gefilden, wo die anderen Hundehalter einfach Hunde haben und kein Geschisse um irgendwas machen. Ab und an kommt mir jemand entgegen, der höflich fragt: „Na, sind die auch aus dem Tierschutz?" Motzi bellt dann auch höflich zurück, dass es die Person einen Scheißdreck angeht, woher sie kommt, denn ihr gehört hier alles und überhaupt ist es eine Frechheit, dass der Entgegenkommende überhaupt ihren Sauerstoff wegatmet. Der Gelenkbus ist da entspannter, der spielt Todesstern ohne Bremsen. Läuft einfach weiter, ob da nun eine Fußhupe im Weg steht, freundlich wedelnd oder gar ein Mensch freundlich mit ihm spricht. Wenn der Könich seine Wege abgeht, geht der Könich seine Wege ab. Da hat das Volk mal gar nicht zu stören.

Mit der Frage „Auch aus dem Tierschutz?" kriegt man mich ja normalerweise in Fahrt. Aber richtig. Meine Arschlöcher sind beide vom Züchter. Ob und wie man Züchter wird und sich so nennen darf, sei mal dahingestellt. Wenn ich auf die allumfassende Frage „Und, aus dem Tierschutz? Welche Orga?" ein fröhliches „NÖ! Vom Züchter!" entgegenschmettere, habe ich größte Aussichten auf ein völlig sinnloses und mehr als aufgedrängtes Gespräch. Inklusive Weltproblematik, Kultur des Abendlandes, Verschwörungstheorien und allem Schnickschnack. Mir persönlich fehlt da ein wenig Chemtrail-Wahnsinn, aber man kann ja nicht alles haben.

Nach fast 30 Jahren im Tierschutz hat man meist fast alles gesehen. Auch der Online-Tierschutz ist nun schon seine guten zehn Jahre alt. Wer kennt nicht die besonderen Menschen auf Facebook, deren Profil eigentlich nur aus „RETTET NUR DIESEN EINEN" und „Sitzt in der Tötung" oder „Muss dringend da raus!!!" besteht? Herzallerliebst. Ich mag die. Wirklich. Genauso mag ich es, wenn ich feststelle, dass morgens kein Kaffee da ist oder mir ein Hund direkt vors Bett gereihert hat. Im Idealfall in Kombination. Dann sind die Leute auch noch total vegan und haben da auch eine derart lustige Meinung zu, die allumfassend und ständig mitgeteilt wird. Natürlich ungefragt.

Wenn mir tatsächlich mal langweilig ist, meine Arschlöcher mir keine drei Meter langen Sabberfäden an die neue Tapete geklatscht haben oder gerade nicht die Weltherrschaft an sich reißen wollen (von der Couch aus, sicher ist sicher, ne?) lese ich mir Facebook-Foren durch. Oder Profile von Tierschützern. Also die, die nur im Internet tätig sind. Von der heimischen Couch aus. Weil von denen, die tatsächlich was tun, hört man fast nie was. Die sind nämlich, während die was für irgendwelche Tiere machen, nicht online, um ihre Heldentaten zu posten. Geht auch meistens nicht, wenn man einen so süßen, missverstandenen, wild um sich beißenden Kangal am Hals hat.

Der Straßenköter an sich findet es nämlich meistens gar nicht so prall, aus seinem Territorium, in dem er sich auskennt und auch meist irgendein Rudel hat, herausgerissen zu werden. Und nur, weil eine deutsche Tierschutz-Uschi am heimischen PC findet, dass der struppige Köter hier in D eigentlich viel besser aufgehoben ist. Sie hat zwar nur eine 12 m² große Bude und kann eigentlich auch nicht mit Hunden, aber hier in Deutschland ist ja alles besser für den Hund, der da im schlimmen Ausland auf der Straße leben muss. Es ist übrigens dasselbe schlimme Ausland, in das die gemeine Tierschutz-Uschi oder der Tierschutz-Horst in den Urlaub fährt, um Caipirinha zu saufen. Aus Eimern. Is ja Urlaub.

Also lese ich mir Postings durch. Zwischen asthmatischen Lachanfällen und ungläubigem Staunen kommt eigentlich nicht viel bei mir zustande. Gott hat manchmal verdammt viel Humor. Anders kann ich mir das nicht erklären.

Es werden ausnahmslos alle Hunde als lieb und verträglich, sowieso eigentlich ein Geschenk an die Menschheit, angepriesen. So eine Scheiße, deswegen gucken mich also die Leute immer so mitleidig an, wenn ich sage, dass meine vom Züchter sind? Sind das also die Zucht-Arschlöcher? Hätt ich was aus dem Tierschutz, wäre ich viel viel besser dran?

Mitnichten. Das weiß ich aus sicherer Quelle. Ein guter Kumpel des Arschlochs ist selbst auch eins. Und sein Halter gibt das auch so offen zu. Aber der ist aus dem Tierschutz. Und der Halter, den ich übrigens echt gerne mag, meint, dass sein Köter wohl irgendwann eingeschläfert worden wäre. Weil der halt einfach ein Assi auf vier Pfoten ist. Eine laufende Mittelkralle. Ihm würden nur noch ein Kettchen und weißes Rippshirt fehlen, dann würde man ihn schon von weitem erkennen. Mit ihm als Halter käme der Hund klar, man kennt sich und seine Eigenarten. Spaziergänge wären leicht einsam, aber man mag sich halt und passt sich an. Ihm wurde der Hund damals als total verträglicher Familienhund verkauft. Von einer Orga. Auf Nachfrage – als der nette verträgliche Hund den ersten Menschen ziemlich feist und ohne wirklichen Grund getackert hat – hatte die vermittelnde Orga nur den guten Hinweis: Hier war der gaaaaanz anders! Genau. Und die Erde ist übrigens eine Scheibe, die Antwort auf alle Fragen ist 42 und ich bin in Wirklichkeit Siri und wohne in euren Handys.

Und so verfolge ich mitsamt meiner geliebten Arschloch-Fraktion weiter den Werdegang der aktuellen Tierschutz-Uschis und -Horsts. Wenn es nicht zu kriminell wird, ist Lachen garantiert.

Hunger

So ein Arschloch hat ja auch mal Hunger. Die meisten unter uns Hundehaltern kennen inzwischen mindestens dutzende Arten, den Hund falsch zu ernähren. Einfach mal eben los und nen Sack (Aaaahhhh! Teufel!) Futter kaufen war ja vor dreihundert Jahren. Heute stopft man seine Töle in den Wagen, fährt zum Futterberater-Barf-Beraterladen, den das aktuell gelesene Facebook-Forum oder der Hunde-Guru von nebenan empfiehlt und lässt die aktuellen Kotschwingungen nebst Chakra des Hundes auspendeln. Und wenn man grad da ist, kann man auch noch die neue Leine nebst Halsband aus der veganen Kollektion von der angesagten Designerin aus Hamburg mitnehmen. Ein den intermediären Brücken sowie der Rudelstellung angepassten Napf nehmen wir dann auch noch mit, denn so ein 100-Euro-das-Kilo-Futter will ja auch richtig serviert werden. Damit wir dann, zuhause angekommen, dem Arschlochtier freudestrahlend die neuesten Errungenschaften kredenzend, einen abfälligen Blick und komatöses Furzen ernten. Natürlich wird der teure Napf vehement gemieden (der steht im Feng-Shui der Hundewohnung einfach falsch! Hätteste mal gefragt!), das Futter mit größtmöglichem Ekelblick gemieden und dann folgt das Unvermeidliche: Der Blick. Dieser Blick, der dir sagt, dass du es völlig verbockt hast. Du kannst nicht nur ein Arschlochtier nicht ordentlich aufziehen oder sozialisieren, nein: selbst füttern kannste nicht. So.

Am neuen Wohnort muss ich nun auch Futter kaufen gehen. Also werden die Tölen in den SUV verfrachtet (der übrigens im Winter schlimmer aussieht als manches rumänische Tierheim von innen) und ab geht's zum ersten Futterdealer vor Ort. Und das Wort Dealer meint genau das, was es beschreibt – denn genauso fühle ich mich in manchen dieser Tempel. Man bekommt die größtmögliche Scheiße für teures Geld in den Wagen geworfen – und am Ende kommt doch nur raus, dass es irre macht und noch nicht mal schmeckt. Das weiß ich seit einem längeren Gespräch mit der Frau Strodtbeck, die ich übrigens sehr schätze. Die hatte mir damals bei der Uschi und ihrem übernatürlichen Speed-Verhalten geraten, einfach mal Futter mit Getreide und vor allem mit Mais sein zu lassen. Danke, Sophie! Wirkt immer noch!

Da Uschi aber generell andere Leute außerhalb ihres gewohnten Stamm-Futterladens in Düsseldorf nicht mag und ich auch nicht direkt so auffallen will, kommt nur der Gelenkbus mit in den Laden. Der braucht nach drei Jahren mal ein neues Halsband. Tür auf und warten, bis der Herr Arschlochhund Anlauf und genügend Schwung erreicht hat, um die Tür zu passieren. Rein in den Laden und direkt den mitgebrachten Anker auswerfen – der Gelenkbus hat Fahrt aufgenommen und steuert ungebremst Richtung erstes Regal. Der Verkäufer schafft es mit einer leicht anmutigen Drehbewegung noch, seinen Hintern aus dem Weg zu schaffen. Erster Pluspunkt für den Laden. So, wie er mich ansieht, verfällt der Pluspunkt sofort wieder.

Während ich mich bemühe, dem Gelenkbus eine Kursänderung angedeihen zu lassen, gebe ich dem Verkäufer meine Kaufpläne im Vorbeischliddern durch. Mit einem leicht mitleidigen Blick werde ich (natürlich, wie konnte ich das auch vergessen?) gefragt: „SIE BARFEN DEN NICHT?" „Nö! Ich krieg die Rehe nie in die Wohnung!" Unverständnis, er nuschelt sich was in den Bart. Aus dem Lager kommt eine andere Verkäuferin gerauscht. Die mag ich. Die hat den gewünschten Sack auf der Schulter, grinst und zieht den Gelenkbus mit nem halben Schweineohr auf den richtigen Kurs. Richtung Kasse. Der vertraue ich dann auch meinen Halsbandwunsch an, während ich dem anderen (der entrüstet sich immer noch über meine Nicht-Barf-Allüren) einen möglichst höflichen Blick zusende. Der Rüde erledigt den Rest und schüttelt sich einfach mal feist und lange mitten in der illustren Situation. Während ich mit Genuss sehe, wie einer der drei Kilometer langen Sabberfäden mitten in dem Gesicht des SIEBARFENNICHT??? landen. Mein Gesicht zuckt auch nur kurz. Der Rüde wirft mir einen genervten Blick zu und will wieder raus. Nix los hier. Ich bezahle brav den Sack Futter und schliddere auf einem Sabberfaden langsam und grinsend Richtung Tür.

Das Halsband kaufe ich dann wieder in Düsseldorf. Da kennt man uns.

Tierschutz-Mekka

Silvester ist ja auch so ein Mekka der Tierschützer. Man kann sich geplant über irgendwas aufregen. Während der Veganer sich mehr auf St. Martin (darf man das noch sagen?) und Ostern eingeschossen hat, dreht die Otto-Normal-Tierschutz-Uschi drei Tage vor Silvester richtig cool am Rad. Also die, die nur vor dem Laptop die große Tierschutz-Keule schwingt. Mit dem Glas Rotwein in der Hand, dem „SITZT IN DER TÖTUG!!" neben sich, dessen Zähne sicher im Fuß der Uschi verankert sind, echauffiert man sich. Über Böller, das arme Deutschland und die armen Obdachlosen. Denen fressen nämlich die ganzen Flüchtlinge das ganze alte Brot weg.

Ich setz mir fix meinen Aluhut auf und fange an zu lesen. Die üblichen Klischees werden abgerasselt, jeder hat irgendwas dazu beizusteuern. Laaaangweilig. Bis die Uschi, die das Posting gestartet hat, sich endlich über die doofen Nachbarn aufregt, die ja alle schon weit vor 12 Uhr am 31.12. irgendwelche Knaller hochjagen. Da erschreckt sich der „SITZT IN DER TÖTUNG!" nämlich so furchtbar, dass der eigentlich weglaufen möchte (ach ne…) und ihr immer vor Schreck ins Bein beißt. (Wohin auch sonst, ist ja das Erste, das er zu packen bekommt.) Und sie möchte ihm ja nicht so sehr am Halsband ziehen, das ist ja blöd fürs Chakra und der total positive Trainer hat gesagt, dass sie am besten eigentlich laut singen sollte, wenn die Böllerei los geht.

Oha. Jetzt bin ich voll dabei. Während ich mir vorstelle, wie ich, laut die Böllergeräusche übersingend, mit dem durchgeknallten Todesstern an einer winzig kleinen Leine am Halsband durchs Dorf ziehe, bahnt sich mein erster gedanklicher Lachflash an.

Jetzt gibt die Tierschutz-Uschi Vollgas. Weil sie ja einen Hund gerettet hat, hat sie voll den Plan (Oh...ist mir entgangen, dass die tatsächlich ins Ausland ist, nen Hund auf der Straße oder im Gelände angelockt und unter zärtlichen Bissen und Wutanfällen zum dortigen Tierarzt geschleppt hat. Sämtliche Papiere und sonstige Widrigkeiten auf sich genommen, um dann glücklich 2000 km mit dem Hund heim zu fahren?). Und der Gutmensch-Trainer hat ihr ja gesagt, dass sie mit einem kräftigen Lalala, der optimalen Rudelstellung sowie dem ausgependelten Futter und einer 100er-Karte Trainingsstunden bei ihm voll auf der richtigen Seite ist. Da wäre ja nur noch Feinschliff und Übung bei ihr zu machen, aber ansonsten hätte sie es voll drauf. Aha.

Also, denkt sich die Uschi, bin ich eigentlich Problemhundetrainer. Man beachte: Das ist genau die, die sonst nur vorm Internet hockt, deren Hund ungesehen jemanden tackert und die dafür bestätigt wird, eine große Klappe in der Hundeschule hat (und der der Trainer irgendwann entnervt einfach nur noch Recht gibt) und die nun ihr Fachwissen an die Internet-Gemeinde weitergibt. Wenn man emotional gefestigt ist und wie ich für einen Spaß immer zu haben, sollte man in solchen Diskussionen doch einfach mal Fragen zum eigenen Züchter-Arschlochtier einfließen lassen. Nur mal zum Spaß. Dann einfach zurücklehnen und genießen.

Für heute hatte ich auf jeden Fall meine Dosis Spaß. Die Tier-schutz-Uschi ist übrigens abgegangen wie eine der verteufelten Silvester-Raketen. Mit nem lauten Knall ergoss sich ein wüster Schwall an Beschimpfungen der allerfeinsten Sorte über mich. Mir bleibt also nur, meine Leinen-Arschlöcher zu nehmen und das Weite zu suchen. Meine Uschi Marke Todesstern ist von der Knallerei überhaupt nicht begeistert und fährt sich auch in ih-rem Stress total hoch. Was die aber gelernt hat ist, dass Frau-chen total safe ist. Also kriegt die ihr Geschirr, Halsband und am besten noch nen Backstein an den Bauch gebunden und wird Gassi geführt. Der Gelenkbus ist schussfest und überhaupt – stopp mal den Könich, wenn der seines Weges wabert. Einmal in Schwung gekommen, ist die Galeere nur noch von Mauern zu bremsen. Von sehr guten Mauern. Molosser-Halter wissen, wovon ich spreche.

Wenn es also knallt, hab ich Motzi im Knie hängen (safe!) und das Leinen-Gedöns ums Bein gewickelt, während sich die Gelenkbus-Arschloch-Galeere weiter ihren Weg durch den As-phalt bahnt. Als wäre nie Silvester gewesen.

Einer geht noch!

Ehrlich gesagt bin ich ja ein bisschen überwältigt von der ganzen Resonanz auf meine Arschlöcher. Bisher hab ich ja geglaubt, dass ich mit meinem Humor ein bisschen abseits der Linie bin – ihr habt mich eindeutig eines Besseren belehrt. Danke!

Der neueste Trend aus Amerika in der Hundeszene ist ja eindeutig der Dritt,- Viert- oder 16.- Hund. Für mich kam nach jahrelanger Einzelhaltung der Galgolette eigentlich gar kein Zweithund in Frage, aber mein damaliger Lebensgefährte wollte einen. So zog der Gelenkbus bei uns ein. Im zarten Alter von 8 Wochen, damals schon eine Ulknudel auf vier Pfoten, zeigte er dem Galgo „His Gomezness" recht schnell, wie nervig so ein Artgenosse doch sein kann.

Klein, wie der dicke Drops damals war, nervte er den König der Rippen ziemlich fies ab. Der wollte nämlich tatsächlich mit der Galgolette spielen. S-P-I-E-L-E-N. Muss man sich mal vorstellen. Ich als Futterbringer und Royce-Fahrer des Galgos wurde mit strafenden und verachtenden Blicken gewürdigt. 24 Stunden am Tag. Wie konnte ich dem Allmächtigen bloß sowas vor die Pinzetten-Nase setzen? Der Galgo verbrachte die Anfangszeit mehr mit Hektisch-den-Psychiater-rufendem Knurren als mit dem wohlverdienten Schönheitsschlaf. Irgendwann war der Gelenkbus dann groß genug, um es alleine auf den Thron der Galgolette zu schaffen – er war entmachtet.

Auf SEINER Couch. Andere Lebewesen waren da. Weltuntergang. Das konnte kein Psychiater der Welt wieder richten.

Über die Monate und einige seichte Annäherungsversuche später sah die Galgolette ein, dass der Gelenkbus eigentlich doch ganz cool war. Vor allem, wenn der Psycho-Windhund mal wieder feist grinsend in eine Horde Rottweiler springen wollte. Dann musste er sich nicht mehr mit den Konsequenzen seines eigenen Tuns rumärgern. Das hat dann sein Personal erledigt. Der Gelenkbus, damals noch ziemlich weich in der Birne und immer ziemlich lustig, spielte die aufgebrachten Rottis dann einfach um den Verstand. So lief es ein paar Jahre ausgesprochen gut und His Gomezness und der Gelenkbus waren ein unschlagbares Team. Egal, wo der Galgo war – der Gelenkbus kam garantiert elfengleich sofort irgendwo auch um die Ecke gewalzt.

Als der Galgo dann irgendwann starb, wusste ich lange nicht, ob ich wirklich wieder einen zweiten Hund haben wollte. Ein paar Monate gingen ins Land und der Gelenkbus hatte sich doch stark verändert. Ihm fehlte wirklich die Gesellschaft. Ich wollte aber zu dem Zeitpunkt keinen weiteren Windhund, den hätte ich immer mit meinem geliebten Knochensack verglichen. Es wäre nicht fair gewesen.

So betrat dann die Todesstern-Uschi meine Bühne. Und wer auch immer das als Erster gesagt hat, dass man immer den Hund bekommt, den man braucht, würde ich gerne das dicke Holzapportel für Dinosaurier einmal quer ins Gesicht hauen. Weil derjenige nämlich voll Recht hat.

So viel Arschloch meine beiden Tölen auch sind, genauso viel haben sie mir beigebracht. Übers Hundehalten, über Mitmenschen, über Beziehungen im Allgemeinen und Speziellen. Über Wanderwege, wo keiner läuft, wenn alle laufen gehen. Über menschliche Freundschaften, die Hundehaare im Essen und Sabber an den Wänden überstehen. Über Hundetrainer, die sich nicht von einer wild um sich schreienden Uschi und einer ständig nach dem Grund suchenden Halterin wie mir abschrecken lassen. Die, die auch menschlich sind und mir nicht erzählen, dass sie Trainer geworden sind, weil sie nicht mit Menschen umgehen wollen. Hier kann ich nur den Hut vor Peter Stanberg ziehen (und das meine ich auch sehr ehrlich so!).

Allerdings frage ich mich doch arg: Was soll ich mit vier oder mehr Hunden? Arbeitet ihr alle nicht, die ihr so viele Hunde habt? Wie bewältigt man einen solchen Alltag? Eine besondere Konstellation hat mich ja wirklich an der persönlichen Kotzgrenze gepackt: Ein „Hundetrainer" (ich weiß, jeder darf sich so schimpfen, der meint, dass er / sie / es Ahnung hätte), der glaubhaft versichern will, dass er 16 Hunde und den Beruf als Hundetrainer mit Kunden problemlos in einen 24 Stunden-Tag bekommt.

Ehrlich jetzt. Unter uns Betschwestern. Und mit nicht überzogenen Ansprüchen und vollem Agility-Kalender. WIE zur Hölle bewältigt man das und wird den Hunden gerecht? Bestimmt nicht in Kennel-Einzelhaltung. Das ist meine Meinung. Aber es ist ja so schön im Internet, da kann ja jeder schreiben und behaupten, was er oder sie will. Was daran wahr ist, ob man über einige Dinge mal ins Grübeln kommt…bleibt jedem selbst überlassen.

Für mich ist mit meinen beiden Arschlöchern das Haus voll. Mehr kommt nicht – zwei Arschlöcher und ein sarkastisches Frauchen reichen doch. Damit entsozialisiere ich mich im realen Leben schon genug.

Immer wieder sonntags

Als Tierhalter hat man ja durchaus auch mal so Tage, da würd man gerne wie die normalen Leute den Sonntag einfach mal im Bett oder auf der Couch verbringen. Einfach mal das tun, was alle so tun. Wie ein Horst Schmidt oder eine Uschi Müller. Warmes Kopfkissen um die weiche Birne und über das Leben sinnieren.

Während ich heut Morgen mal so getan habe, als ob meine Arschlöcher überhaupt nicht da wären, hat mir aber eigentlich auch direkt was gefehlt. Nämlich meine Bettdecke am Fußende. Da liegt der Todesstern auf Dock und mault leise vor sich hin. Weil ich mich unverschämter Weise bewegt habe. Von dem Thron der Arschlöcher, der Couch, höre ich ein entnervtes Grunzen. Der Gelenkbus hat gecheckt, dass jemand das Handtuch von seinem Vogelkäfig genommen hat. Es ist hell. Zeit, das Personal zu wecken. Durch eben das entnervte Grunzen.

Ich werfe mich mit der Eleganz eines toten Stinktiers aus dem Bett und schlurfe zur Kaffeemaschine. Wenn meine Köter eines wissen, dann das: Frauchen niemals vor dem ersten Kaffee nerven. Außer Holland in Not, Weltuntergang oder Dünnschiss. Mit der Tasse in der Hand setze ich mich lieber an den Esstisch. Der Rüde, seines Zeichens auch ein, wie von Sophie Strodtbeck einmal treffend beschrieben, „Canis autisticus", hat so seine morgendlichen Rituale. Manchmal, und heute besonders, sieht es ein wenig so aus, als ob dem Flottenobersten auf der Fregatte Gelenkbus der Befehl zum Auslaufen erteilt wurde. Der Anker wird langsam eingeholt (Kopf hoch), die Maschinen jaulen auf (man gähnt wie ein Braunkohlebagger), das Wendemanöver vom Liegeplatz wird eingeleitet. Eine Pfote, dann die zweite. Vorne ist schon mal unten. Hat der Rüde dann auch festgestellt beim intensiven Nachzählen seiner auf dem Boden befindlichen Pfoten. Jetzt werden die Krallen ins Parkett gerammt (sicher ist sicher) und sich gestreckt, der Morgenfurz will auch raus. Der liebliche Klang der Winde des Rüden macht Uschi wach. Man hört ein *plopp* und der Todesstern ist sofort auf Kurs. Aufwärmen ist für Deppen. Die, die als Welpe in LSD gebadet hat und mit Koks abgetrocknet wurde, ist immer und sofort auf Sendung. Beide schütteln sich, ich versuche, mir die Stellen zu merken, wo der Sabber hingeflogen ist. Kaffee ist auch in mir, BÄM – wir können raus, fremde Leute anpöbeln.

Während ich mit der Fregatte, die bei dem Wetter wegen Arthrose nur wie ein Containerschiff in schwerer See in Fahrt kommt und dem Todesstern auf unseren morgendlichen Wegen unterwegs bin, lasse ich mir auch Zeit, richtig wach zu werden. Meist höre ich morgens ja ein wenig Musik. Ich liebe Musik. Nur Helene Fischer mag ich nicht, das mal so unter uns.

Manchmal hab ich mich gefragt, ob Hunde eigentlich auch Musik mögen und ihre Vorlieben haben. Ich bringe mich vor Vorträgen oder Auftritten meist mit einem Lied von Queen in die richtige Stimmung. Es ist immer das gleiche Lied, damit kann ich bei mir die richtige Grundstimmung abrufen und geh gut gelaunt raus. Bei dem Hafensänger unter den Freddy Mercurys, dem Gelenkbus, muss es auch Queen sein. Morgens ein bisschen wie Bohemian Rhapsody (von der Couch bis zur Wiese). Wenn man eine Hündin erblickt, die er ganz furchtbar toll findet (meistens so Arschloch-Schläger-Tussis in Blond) erschallt in seiner internen Playlist „Uhhhh…you make me live…". Todfeind auf zwölf Uhr? Da ist Uschi mit im Boot und beide drehen in ihren irren Schädeln „We will rock you" auf die Lautstärke BRÜLLEN.

Bei Motzi mache ich mir manchmal schon so meine Gedanken. Auch was ihren Musikgeschmack angeht. Wie man „Don´t stop me now!" mit H. P. Baxters „HYPER! HYPER!" mixen kann, ist mir ein Rätsel.

Das versteht man aber bestimmt auch nur als Baxter „The Todesstern" Motz.

Der Trend geht zur Zweit-Uschi

Als damals die Entscheidung fiel, dass zum Wohle des Gelenk-busses wieder ein Zweithund ins Haus kommen sollte, habe ich mir alles so einfach vorgestellt. Die Galgolette und der Gelenkbus haben ja schließlich super miteinander funktioniert. Nach dem terrorverdächtigen Anfangs-Pseudo-Geknurre des Rippenkla-viers, welches den Einzug von Klein-Fritzi doch recht musika-lisch untermalte, haben die beiden echt schöne Zeiten zusammen gehabt. Denkt man sich immer im Nachhinein. Diese furchtbare menschliche Angewohnheit, die auch bei Kindern restlos gut funktioniert (meistens aber nur bei den eigenen). Den ganzen Käse, den die beiden zusammen ausgefressen haben, vergisst man dann ganz schnell oder erinnert sich dann doch, leicht debil vor sich hin grinsend, an die eine oder andere Begebenheit. Einer meiner persönlichen Hits aus der Galgo / Molosser-Zeit ist und bleibt die Salzletten-Party und das Schokoladen-Desaster.

Der Galgo hatte zwei absolute Vorlieben bei der Auswahl seiner Mahlzeiten (sofern kein Mülleimer oder gelber Sack in der Nähe war. Sachen aus dem Mülleimer konnte man prima fressen, gel-be Säcke auch. Die haben immer lustige Kotz-Mandalas ergeben. Und ich habe nie herausgefunden, warum der ausschließlich gel-be Müllsäcke gefressen hat. Bis auf die Kotz-Mandala-Theorie).

Vorliebe eins war (und ich höre die Uschis bereits mit dem Veterinäramt rasseln): Nussschokolade. Die mit ganzen Nüssen. Dafür hat der sogar nen Salto rückwärts, also natürlich nur in Gedanken, aber immerhin, gemacht. Und ja, ich weiß: total böse. Giftig. Alles. Ich rauche übrigens. Auch giftig. Für so eine blöde Tafel Schokolade (die ich übrigens auch am liebsten esse) hat der edle Windhund eines Tages mal seine ganzen spanischen Manieren vergessen. Mir war eine Tafel neben das Bett, genau in den Zwischenraum zwischen Bett und Wand, gefallen. Hatte ich nicht bemerkt. Was an sich schon komisch ist – ich esse die normalerweise auf oder töte jeden, der die nur anschaut.

Das Holzauge Gomez hatte das aber schon mitbekommen, der hatte sowas als geschulter Sichtjäger immer auf dem Schirm. So eine wilde Schokolade zu erlegen ist ja auch nicht grad einfach. Kaum aus dem Haus, hat das hochfürstliche Tier sich dann klammheimlich daran gemacht, die wilde Nussschokoladentafel zu erbeuten. Es muss schon eine Ecke Arbeit gewesen sein. Dachte ich mir zumindest, als ich den ersten Schock überwunden hatte, nachdem ich mein Schlafzimmer betreten hatte. Da thronte His Gomezness, ganz Windhund-like, graziös zusammengefaltet, die schiefe lange Nase auf einem Kissen gebettet, inmitten fein gehäckselter Matratze und sah mich gütig an. In den Matratzenhäckseln konnte ich noch die Reste der roten Schokoladenverpackung erahnen. Jedes einzelne fizzelkleine Teilchen war sauber abgeleckt und zur Seite gelegt worden. In der Matratze prangte ein riesengroßes Loch. Wer jemals einen völlig im Jagdwahn befindlichen Windhund beim Mäuseausbuddeln gesehen hat, kann sich vorstellen, wie das Loch aussah. Ein bisschen wie frisch gesprengt, nur dass es das eigene Bett und keine Wiese war. Und das hatte jetzt eher die Optik einer übergroßen Latrine mit Windhund-Dekoration.

Der damals kleine fette Welpe Fritz, zu der Zeit noch recht wendig, sauste wie blöd durch die am Boden liegenden Trümmerteile und hatte Spaß für zehn. Und genau in diesem Moment, in dem ich den Galgo liebend gerne wieder zurück an den Baum in Spanien gehangen hätte, wo der einst gehangen haben soll, liebte ich diese spanische Arschmade am meisten. Er hat dann auch für eine Sekunde betrübt geschaut, der Galgo. Als dem klar geworden ist, dass Abendbrot heute später kommt. Personal muss ja putzen.

Als ich vor einigen (inzwischen einigen vielen) Jahren noch mit meinem Galgo alleine in Düsseldorf wohnte, haben wir oft die dortigen Rheinwiesen oder das Umland unsicher gemacht. Mehr oder weniger auch zum Leid des Galgos. Der konnte meiner Leidenschaft, dem Mountain biken, nämlich nicht so ganz viel abgewinnen. Es hatte nichts mit Couch oder Im-Bettliegen, auch nicht mit Jagen oder Mülleimern zu tun. Also war das mal per se Scheiße. Aber da musste der leider, wie durch so einige andere Dinge, durch. Damals habe ich oft am Wochenende auch nachts in Bars oder Diskotheken gearbeitet, da ist er ebenso mit von der Partie gewesen – das fand der aber auch wesentlich cooler. Da waren genug Menschen, die sein unendliches Leid erkannt haben: Er wurde ja überhaupt nicht geliebt und schon gar nicht gestreichelt. Skandal. Das eigene Frauchen schleifte dieses anbetungswürdige Tier nicht nur ohne einen Thron im Gepäck mit auf wilde Radtouren oder gar zur Arbeit – nein, er musste durch alle Höllen der Welt gehen. Zum Essen gab es auch grundsätzlich das Falsche (hatte ich erwähnt, dass die Töle ein Ex-Straßenköter war und die ja eigentlich und angeblich ALLES fressen? Man hätte meinen können, ich hätte das Rippenklavier aus einem Herrschaftshaus gestohlen). Und nen anständigen Psychiater konnte ich mir auch nicht für den leisten. Arschlochfrauchen. Eindeutig.

Dieser Hund, der mich zehn Jahre begleitete, hat wirklich die eine oder andere Sache gebracht, die ich nie vergessen werde. Und es gibt auch reichlich Menschen, die diesen Hund nicht vergessen werden. Zu einer Zeit hatte ich einen Freund in Frankfurt. Da sind wir dann an den Wochenenden hin gefahren, haben uns die Stadt angesehen, die Wälder im Umkreis erkundet oder auch mal im Main gebadet. Einmal, um die Weihnachtszeit, wurde ich von den Eltern meines Damaligen zum Essen eingeladen. Es gab u. a. herrliches Roastbeef, allerdings viel zu viel. Das konnten wir nicht aufessen (obwohl ich gemeinhin als Büffetfräse bezeichnet werde, irgendwann bin aber auch ich mal satt). Die Mutter meines Damaligen wollte dem „armen, dünnen Geschöpf" also was Gutes tun und stellte die fürstlich angerichtete Silberplatte mit dem Roastbeef vor den Galgo. Man kann sich denken, was kam. Ich versank innerhalb von Sekunden errötend im Boden. Der Galgo starrte die Mutter an, starrte mich an. Setzte vorsichtig eine Pfote nach vorn, die Pinzetten-Nase einen halben Meter über das Roastbeef gestreckt. Schnüffeln. Vorwurfsvolles Schnüffeln. Ein langes, sehr lautes, tiefes, angeekeltes Schnüffeln. Er geht. Auf Krallenspitzen. Könnte ja sein, dass das ekelhafte auf dem Tablett da explodiert. Die Mutter starrt mich an, ich starre den Boden an. Nuschele was von „Weihnachten gibt's immer Hase…" und sehe zu, dass ich elegant Land gewinne, den angeekelten Galgo im Schlepptau. An dem Abend bekam ich übrigens Konzertkarten geschenkt. Und da der Galgo nun nicht mehr bei der Mutter meines Damaligen warten konnte, wenn wir ausgingen, musste er während des Konzertes – in Frankfurt – im Auto warten. Ein absolut tolles Konzert. Später lief ich mit dem besagten Freund im Besucherstrom zu meinem Auto zurück. Damals fuhr ich einen (von mir heiß geliebten) Honda Civic. Ich hatte einen guten Parkplatz direkt sehr weit vorn. Da, wo der gesamte Besucherstrom nun dran vorbei ging.

Frohen Mutes schloss ich das Auto auf, der sich freuende Galgo wedelte mit seinen drei Kilometern Galgo-Rute fröhlich vor sich hin. Ich betätigte das Türschloss. Die Autotür öffnete sich. Langsam, ich bin nicht so der Mensch, der Türen schnell aufreißt. Aus dem Fußraum fällt etwas heraus. Ich öffne die Tür weiter. Ein hässliches Geräusch, mit einem Knarzen fallen Teile der Türverkleidung scheppernd auf den Boden. Die Tür ist ein Viertel auf. Einen Winkel weiter fallen mir nacheinander Teile der Sonnenklappe, ein Haufen Kleinteile – anscheinend Schaumstoff vom Fahrersitz – weitere Teile der Türverkleidung und ein halber Knauf der Kupplungsstange entgegen. Ich werde bleich. Der Galgo grinst und freut sich, macht sein lustiges Gesicht und freut sich über alles. Viele Menschen sind bereits stehen geblieben. Mein Damaliger ist ein wenig auf Abstand gegangen, er befürchtet Schlimmeres). Ich mache die Autotür ganz auf. Der Galgo springt, begleitet von weiteren dicken Brocken Schaumstoff, vom Fahrersitz samt Innenleben vom Fahrersitz, Teilen der Kopfstütze und Überresten meiner Sonnenbrille, freudig auf den Parkplatz. Und hüppelt direkt zum Damaligen. HINTER ihn. Mein Kopf ist knallrot. Das fühle ich. Auch den

Puls. Der war außerhalb des messbaren Bereiches, aber deutlich spürbar. So muss sich Hulk fühlen. Bei der Verwandlung.

Mitten in dem illustren Schauspiel, den nun gefühlten 1.000 Leuten im Halbkreis um mich, nun also das Auto, der Haufen Kleinschrott, der mal das Innenleben meines Hondas war nebst Damaligem mit dem sich dahinter verschanzten Hund. Dann gibt es ein weiteres Geräusch. Hinter meinem Rücken, ich sehe es noch im Augenwinkel, klatscht die Türdichtung auf den Boden und ein ca. ein Meter langes Stück bricht aus dem Dachhimmel des Autos und kracht auf die Reste des vor zwei Stunden noch recht ansehnlichen Fahrersitzes. Während ich mit beiden Händen am Hals des Galgos versuche, diesen zu erwürgen, teile ich lauthals schreiend der anwesenden Menge mit, dass ich den Köter jetzt sofort nach Spanien bringe. Und genau an den Baum hänge, wo die das undankbare Vieh aufgeknüpft gefunden haben.

Irgendwie schafft es mein Damaliger, mich zu beruhigen, alles, was mal mein Auto war, zusammenzukehren und die Meute zu verscheuchen. Der Galgo kommt in sicherer Entfernung zu mir in den Kofferraum. Er (nein, nicht der Galgo) kauft mir eine Kiste Bier, montiert die Reste des kaputten Fahrersitzes ab und stellt die Kiste dort hin. Immerhin lässt er mir den Anschnaller für den Gurt noch dran. Wortlos setze ich mich ins Auto und trete den Heimweg an. Während ich auf die Autobahn fahre, klettert der Galgo möglichst unsichtbar nach vorne auf den Beifahrersitz. Da sitzt er ja schließlich immer, der kleine Psychopath. Wir starren beide auf die Fahrbahn. Überholende Autos mit lachenden Insassen, die auf uns zeigen, ignoriere ich. Eine

Stunde lang möchte ich den Köter sehr gerne bei 200 Sachen aus dem Auto werfen. In der zweiten Stunde kriege ich mich vor Lachen kaum noch ein. Hätte ich nicht Zeugen für diesen Vorfall – ich würde es heute nicht glauben.

Das Auto konnte ich übrigens halbwegs wieder herrichten lassen. In der Werkstatt wurde ich nur gefragt, ob ich nen Pitbull hätte. Hab den Galgo gezeigt. Und wurde für irre befunden von den Mechanikern.

Randgruppenwitze

Immer wieder herrlich – also für mich persönlich – sind ja so bestimmte Randgruppen. Die gibt es für fast jeden Fetisch. In der Hundehalter-Fetischwelt lernt man auch garantiert nie aus. Kaum denkt man, man kennt alles und denkt gerade über die Anschaffung einer Giftspinne oder vielleicht doch eines Dinosauriers nach, um sich und sein Umfeld bei Laune zu halten, kommt – ZACK – irgendein neuer Trend. Bei dem heutigen Supersize Me-Gedöns (immer muss alles höher – besser – toller sein) wird mir immer ganz schwummerig. Ehrlich.

Fangen wir doch mal ganz dumm an. Bei mir zum Beispiel. Ich hab da den Uschi-Todesstern und den Fritz-Gelenkbus. Eigentlich sind es Hunde. Uneigentlich sind es für die Industrie Gelddruckmaschinen, für Tierschutz-Uschis ein ewiger Quell der Nörgelei, für manche Bundesländer rassebedingt eine tolle Einnahmequelle, für mich ein Haufen Arbeit und ein Haufen Glück auf einmal.

Wenn man sich dann mal ins Detail begibt, fängt unweigerlich der Fetisch-Bereich an: Fritz, Cane Corso, Mann. Italiener. Pubertäres SALUTI!-Geschrei mit dreieinhalb Jahren. Er war mindestens der Pate, wenn nicht sogar Don Pablo Escobar (auch wenn der kein Italiener war, weiß der Rüde aber nicht. Der ist halt cool, der Escobar.) Und ich, das Fetisch-Arschloch-Frauchen, hatte das blöde menschliche Problem, ne rosa Brille aufzuhaben. Und einen Galgo hatte ich damals ja dann auch noch. Da waren die Psychiater-Industrie und der Tierarzt immer sehr glücklich. Der Galgo konnte sich nämlich selbst in Narkose legen, bei Spritzen ist der einfach stumpf umgefallen. Und das Röntgen ging auch problemlos: einfach den Hund gegen die Sonne halten. Wenn keine Sonne da war, hat ne Maglite auch geholfen. Praktisch.

Der Gelenkbus also, in der zweiten Pubertät, hat mal richtig in die Vollen getreten. Ich hatte die hübsche Brille auf und mich über seine schlechte Laune gewundert. Die irgendwie immer länger anhielt. Aus ein paar Tagen wurden zwei Wochen. Der übellaunige Italiener wollte so ziemlich alles fressen, was sich uns in den Weg stellte. Menschen: doof. Die atmen mir die Luft weg. Andere Hunde: ALTAAAAAA!!!!! Falscher Planet! Oh! Hündin! Ich liebe dich voll!

So ging es bis zu dem Tag X, als der Rüde beschlossen hatte, im Hormonrausch den besagten Kangal bei einem Tierheimbesuch durch das Zwingergitter zerren zu wollen. Da ging mir endlich – schmerzbedingt, weil ich mich auch noch volle Möhre auf die Nase gelegt hatte – ein Lichtlein auf. Meine Hundetrainerin nahm mich dort sehr nett zur Seite und hat mir erst einmal volles Brett den Kopf gewaschen. Das saß. Nur musste ich jetzt mit dem tobenden Italiener auch irgendwie das Tierheim wieder verlassen – und das ging nur an besagtem Kangal vorbei. Das haben wir auch irgendwie geschafft und an dem Abend beschloss ich, nicht nur den Kastra-Chip, auch ein Training musste her.

Nun bin ich selbst auch nicht gerade ein Mensch, der einfach nur alles mit einem Kopfnicken hinnimmt. Der Gelenkbus schon mal gar nicht. Wir hören beide interessiert zu und entscheiden, ob es gemacht wird. Kommt in einer normalen Hundeschule nicht gut, wussten wir schon. Entweder sind wir wegen „Mein Gott ist der groß! Und Sie auch! Ne, das kann ich aber nicht zulassen bei uns im Training!" (Randbemerkung zum Verständnis: Der Rüde hat 76 cm Schulterhöhe und ich bin zierliche 1,90 m) gar nicht erst reingekommen oder die anderen Hundeschul-Besucher befanden nach der Aufnahme, dass wir dann doch direkt wieder gehen sollten. Bei den dicken Pfoten („Ist das ein Bär? Gucken Sie sich doch mal die Pfoten mal an! Meingottogott! Wenn der auf dat Schantall drauftritt!")

Auch irgendwie diskriminierend, hat den Rüden und mich aber nicht wirklich gejuckt. Der Galgo wollte weiterhin nicht mit uns gesehen werden. Also absolvierten wir unsere normalen Trainingseinheiten weiterhin bei meiner Stamm-Hundetrainerin. Irgendwann wurde mir aber klar, dass der blöde Corso-Italiener definitiv was zum Arbeiten braucht. Und zum Denken. Auch wenn ich manchmal glaube, dass er nur die Schnipsel in Raufaser-Tapeten zählt und sonst mental damit ausgelastet ist, auf allen vier Pfoten zu stehen. Atmen ist ja ein Reflex, wäre sonst schwierig geworden mit dem Weiterleben. Tschuldigung, liebe Männerwelt, aber Multitasking ist auch bei Rüden nicht so angesagt.

Was soll ich sagen (und ich höre sie, die Tierschutz-Uschis und -Horsts. Ich hör sie! SIE KOMMEN!!!!)? Ich bin dann einfach mit dem Gelenkbus unterm Arm zu dem Schäferhundeverein gegangen, wo wir in seinem Welpenalter schon mal trainieren waren. Und haben ganz schnöde mal ausprobiert, ob der Trümmer vielleicht seine Freude an Unterordnung, Schutzdienst und Co. findet. Die Leute in der Ortsgruppe sind auch top – also nix wie hin.

Und was soll ich euch sagen: Die sonst so mit großen Wendemanövern oder 20 Metern Bremsstreifen ausgestattete Kriegsgaleere hatte auf einmal Spaß. Aber richtig Spaß. Schutzdienst war sofort sein Liebling. Spielzeugarm jagen – TOLL. Unterordnung – TOLL. Ausbilder – TOLL. Hab dem Köter dann einfach meine rosa Brille aufgesetzt wenn wir zum Training gefahren sind. Anders konnte ich den da echt nicht ertragen. Debiles Dauergrinsen, Mörderspaß – der Helfer eher weniger, wenn der zierliche und elfengleiche Klops beim Training angeflogen kam.

Der Hund hatte eine Aufgabe und war glücklich. Das macht natürlich auch das Frauchen glücklich. Das Schönste daran war aber – und es wirkt wirklich bis heute: Er ist zuverlässig abrufbar, selbst aus einer Keilerei mit einem schwarzen Labrador (wir werden immer nur von schwarzen Labbis angegriffen. Kann ich ne Petition machen?): ein Ruf und zack – trollt sich meiner. Brüllt zwar immer noch an der Leine wie Al Capone – aber hey, man ist Italiener. Die keifen schon mal rum. Kennt man ja.

NSA für Arme. Und Beine

Mit so einer geballten Ladung Arschloch an der Leine freut man sich doch jeden Morgen im Winter auf das Spazieren gehen. Vor allem, wenn der autistisch veranlagte Todesstern noch nicht so ganz die Abläufe der neuen Umgebung geschnallt hat. Im Normalfall – und auch im speziellen – hab ich überhaupt keinen Bock auf ziehende oder schreiende Hunde an der Leine. Ist den Arschlöchern aber manchmal ziemlich drittens. Grad morgens, wenn man noch gar nicht so auf Sendung ist, die Tölen aber gerne ins Wiesen-Badezimmer wollen. Geschäfte erledigen, schnell abchecken, was so geht im Revier und am besten noch irgendwen anschreien. Pauschal. Weil: Isso.

In der Woche bin ich morgens zu Zeiten unterwegs, wo das gesamte Dorf noch schläft. Das ist schön. Allerdings schläft der Rüde dann auch noch und ich muss den wie einen Flugzeugträger hinter mir her wuchten. Zusammen mit seiner Angewohnheit (wenn ich nicht aufpasse), hinter mir ständig von links nach rechts zu kreuzen und bei „interessanten" Dingen (Grashalm. Holla die Waldfee. Erst mal ne Genanalyse durchführen! Noch NIE gesehen!) den Anker zu schmeißen. Die Psycho-Uschi, bei der ich inzwischen vermute, dass ein durchgeknallter Personenschützer ihr Alter Ego ist, läuft immer vorne weg und checkt. Was genau, haben die Wissenschaftler noch nicht rausgefunden. Aber sie macht es sehr zuverlässig. So ausgestattet, haben die Nachbarn auf der Straße morgens immer dieselbe Comedy-Show: Ah! Da kommt se, die Neue. Guck mal, Erna. Gleich....Da! Haha, das sieht immer so lustig aus, wenn der schwarze Hund vorne zieht und der große Braune plötzlich stehen bleibt. Das Frauchen hat aber lange Arme. Erna? GUCK MAAAAA!!!!

Ich weiß, dass ihr hinter den Vorhängen so über mich redet, Genossen! Dafür weiß ich aber morgens auch sofort, wenn ihr euer Auto zehn cm zu weit links geparkt habt. Der Todesstern hat da nämlich ne Liste, da wird das aufgeführt. Wenn Autos, Fahrräder, Häuser oder Grashalme morgens auch nur einen Millimeter anders stehen, wird das peinlich genau nachgehalten: vorstehen und anmoppern. Irgendwann muss ich die Hündin bestimmt an die NSA abgeben. Oder an den Diensthundeführer, der von seinem Hund zum Vertikutieren benutzt wird. Liebchen, mit meiner kannste nicht nur vertikutieren – fliegen macht viel mehr Spaß! Echt! Mach 2 hat die sicher drauf! Während der Gelenkbus die Augen immer noch justiert, hat der alles an Geschäften erledigt und will zurück ins Bett. Ach ja, und Frühstück. Man hat ja seine Abläufe.

Uschi ist immer noch nicht zu überzeugen, dass auf dem (inzwischen nicht mehr ganz so neuen) Spazierweg alles genau so wie gestern Abend ist. Vielleicht hab ich auch einfach nur keine Ahnung und irgendeine Horde Hundehasser verteilt bei uns keine

Giftköder, sondern hat den subtilen Weg der psychologischen Kriegsführung gewählt. Immer eine Kleinigkeit am Weg verändern, bis alle Hunde komplett durchdrehen und sich am nächsten Baum dem Selbstmord aussetzen. Während ich das als mögliche Alternative in Erwägung ziehe, hat Motzi es doch tatsächlich geschafft, in diesem Krisengebiet „Spazierweg" ihre Mine zu platzieren. Natürlich getarnt, hinter meterhohen Grashalmen und der am dichtesten besiedelten Narbe des Randackers.

Und so können wir dann endlich den geordneten Rückzug antreten. Übrigens laufen dann beide, einer rechts, einer links, wunderbar neben mir her und tun so, als wenn die total super hören und immer darauf achten, was das Arschlochfrauchen so sagt. Ist wie bei den Kindern. Erziehung zeigt sich immer dann, wenn keiner hinguckt. Oder so.

Mein Freund und Helfer

Besitzer von Arschlochhunden sind ja generell recht kommunikativ. Meistens auf gesicherte 100 Meter Abstand, je nach der aktuellen Gefühlslage des eigenen an der Leine und entsprechend gesicherten Hundes. Meine Viecher sind hier, im Bundesland NRW, Gottseidank nicht dem Listenwahn unterstellt. Manchmal (eigentlich zu 90 Prozent) bin ich da ganz froh drum. Mit dem Todesstern durch ein – wie mir manchmal anmutet – durchaus von Willkür durchzogenes Maulkorb- und Leinenbefreiungstest-Gedönse zu kommen, halte ich für schlichtweg unmöglich. Bin ich ganz ehrlich. Wenn die Uschi nen Menschen so gar nicht mag (und das passiert ihr bei Unbekannten eigentlich immer. Warum, wissen die großen Weisen) schreit sie entweder direkt wie am Spieß, auch gerne über weite Distanzen oder tut so, als ob das Gegenüber ein Säurefass auf sie werfen will. Sie zittert dann am ganzen Panzer, dass Espenlaub neidisch werden würde. Und glaubt mir – ich habe einiges trainiert. Sie hat in dieser Beziehung einfach ein paar fehlgeleitete Synapsen im Schädel. Anders kann ich es mir derzeit einfach nicht erklären.

Anders ist da der Gelenkbus. Der findet alle Menschen super. Und sabbert die auch direkt total von oben bis unten ein. Er hat irgendwann mal Ausschnitte aus dem Film Alien gesehen und möchte auch so Kokons bauen. Nur ein bisschen lästig, dass die Menschen immer mit so Quietsch-Geräuschen weghüpfen.

Aber ihm ist das ziemlich egal. Er läuft einfach stumpf hinterher und setzt auf seinen genialen grenzdebilen Blick. Dem konnte bisher keiner widerstehen.

Vor gar nicht langer Zeit, am anderen Wohnort, mussten wir mal wegen eines Vorfalles auf unserer dörflichen Straße die Polizei rufen. Die kamen auch brav mit drei Mann. Man stand auf dem Hof, um eine Situation zu schildern, ich hatte Fritz (obwohl auf eigenem Grund) lieber an der Leine. Das war so um die Zeit, wo diese Geschichten der von Polizisten erschossenen Hunde durch die TV-Sendungen geisterten. Ich bin unter Polizisten groß geworden und weiß um die Problematik in diesem Beruf – sicher ist sicher. Denn der, für den die Jungs gerufen wurden, geisterte immer noch durch die Nachbarschaft und Fritz hätte den liebend gerne hektisch zuckend zum Abendbrot gehabt. Ganz. Der hatte nämlich die Kinder blöd angemacht.

So standen wir dann, klärten den Sachverhalt, bis einer der Polizisten sagte: Lass den doch ruhig laufen. Wir haben alle Hunde. Du hast den doch im Griff. Hm – ok. Vorher natürlich noch mal klammheimlich umgesehen (haha…alle haben meinen Scan des Geländes gesehen und höflich in sich rein gegeiert). Der Gelenkbus schippert los, die Leute riechen ja alle lecker. Und Waffen haben se auch. Kriegt man ja nicht so oft vor die Nase und riecht auch cooler als so ein Grashalm. So steuert die Galeere mit einem festen Plan auf den ersten Polizisten zu. Der checkt den Plan des mit bereits an beiden Lefzen mit 30 cm Sabber behangenen Rüden nicht.

Der Rüde wirft den Anker und kommt recht zielgenau vor dem Waffenholster des Polizisten zum Stehen. Der – checkt

67

immer noch nix. Rüde guckt sich klammheimlich um. Keiner merkt seinen Plan. Ich werde blass und ahne, was kommt, versuche mit Fliegen-verscheuch-Bewegungen den Rüden wieder anzuschieben. Weg vom Holster. Der zeigt mir die hintere Mittelkralle, grinst ... und versenkt beide Sabberfäden, die wirklich beachtlich schön und satt waren, auf der Dienstwaffe. Mit panisch aufgerissenen Augen versuche ich dem Gespräch weiter zu folgen und sehe, wie sich die ganze Seiher gleichmäßig über das Holster, die Waffe und das Bein des Polizisten ausbreitet. Der – merkt immer noch nix. Man redet weiter. Ich laufe rötlich an und sortiere in Gedanken schon mal die möglichen Ausreden. Mir fällt nur spontan keine ein (was eher selten der Fall ist. Auch in Gegenwart von Polizisten klappt das im Normalfall). Der Beamte, der neben mir steht, beschließt, dass die Lage genug erörtert wurde. Schaut den Rüden an, der inzwischen den Baum hinter dem Polizisten anstarrt und die notwendige Beschleunigung seiner 60 kg bis dorthin ausrechnet.

„Sach mal, Sascha: Hast du vorhin wen inhaftiert? Ne Schnecke oder so?" fragt er den am rechten Bein vollständig eingesabberten Kollegen. Tatsächlich sieht er aus wie eine Nacktschnecken-Autobahn. Still und leise, unter der vollsten Aufmerksamkeit aller Beteiligten, seilt sich ein besonders prächtiges Stück Sabber von der Dienstwaffe ab Richtung Schuh des Beamten. Fritz hat seine Berechnungen abgeschlossen und wirft den Motor an. Mit der Entschlossenheit eines Kriegsherrn wird der Weg in Richtung Pissoir-Baum aufgenommen. Der angesprochene Beamte greift fassungslos an das Waffenholster und zieht die Hand direkt wieder zurück. Langsam. Mit Sabberfäden, die jetzt eine hübsche Verbindung zur Waffe bilden und auch recht hübsch im Sonnenlicht glitzern. ·

Ich hab meine Fassung zurück gewonnen, zerre ein Hunde-Trockenhandtuch mit entsprechenden Matschbrocken aus meinem Auto und biete ihm das an. Ein wenig ausgeschüttelt habe ich es auch noch. Man hat ja Benehmen. Ein leicht eingefrorenes „Danke" ertönt. Der Chef der Runde hat Spaß, grinst fett vor sich hin und geht vor sich hin giggelnd zum Dienstauto.

Ich möchte nicht wissen, was sich der arme, so liebevoll mit Sabberfäden dekorierte Mann an diesem Tag von seinen Kollegen alles anhören musste.

Waldschrat

Ab ins Arschlochhund-Wunderland. An einem Samstag gehe ich ja ganz gern aus. Also, Hundehalter „Aus". Matschresistente Klamotten an, Wetter gecheckt und entsprechende Jacke rausgesucht, kleines Überlebens-Kit in die Tasche und die Arschlöcher ab in den SUV. Der sieht, je länger das Wetter so ist, wie es sich derzeit präsentiert, ein bisschen aus wie eine Arena zum Schlammcatchen. Mit Hundehaar- und Sabberdeko. Gibt es eigentlich noch diese TV-Shows, wo Autoaufbereiter ihr Können zeigen? Oder ist hier unter den Lesern jemand, der mal zeigen will, was alles beim Aufbereiten eines Autos geht? Ich könnte mich dazu hinreißen lassen, mein Auto mal zur Verfügung zu stellen. Derjenige muss nur bereit sein, während des Arbeitsprozesses sehr viel zu weinen. Meine Arschlöcher liefern immer grandiose Arbeit ab. Zumindest im Dreck verteilen sind sie wirklich großartig.

Die beiden Köter haben spätestens bei meiner Schuhwahl gecheckt, was die Uhr geschlagen hat und drehen schon mal auf. Geil, die Olle will in den Wald. Der Todesstern mutiert kurz zu Prinzessin Arschloch, die muss heute den Rucksack mit zwei Kilo Mehl tragen. Warum ich da Mehl reinpacke? Ganz einfache Kiste: Uschi ist nicht nur Produkt- und Materialtester vor dem

Herrn. Die braucht neben einer sehr wehrhaften Ausrüstung auch ein bisschen was zum Denken, während wir durch die Botanik robben. Mehl in den Packtaschen (je ein Kilo auf jeder Seite) wackelt ein bisschen beim Rennen und sie muss sich, anstatt neue Unflätigkeiten zu planen, darauf konzentrieren, im Laufen nicht umzufallen. Sollte sie abhauen und mit den Taschen im Gebüsch hängen bleiben, sieht es außerdem grandios aus. Mehl fliegt zu allen Seiten und markiert auch direkt deutlich die Stelle, wo der Drecksköter hängen geblieben ist. Praktisch denken, Särge schenken sag ich nur.

In der Haardt angekommen, einem riesigen Waldgebiet im Münsterland, geht das Gebrülle aus dem Kofferraum los. Man ist aufgeregt und möchte die Kack-Rehe und Hasen schon mal vorwarnen. Der Könich is in da House. Während ich (wieder einmal) mit leichter Röte im Gesicht ums Auto schleiche, werde ich von anderen Wanderern angestarrt. So, wie die Karre wackelt, erwartet der neben mir, dass gleich aus dem Kofferraum eine wilde Herde Yaks stürmt. Der Gelenkbus ist da ein bisschen pflegeleichter, der wandert auch schon länger mit mir. Bevor nicht Ruhe herrscht, wird nicht ausgeladen. Uschi ist das egal, die wartet einfach ne Sekunde mit dem Gebrülle. Die blöde Tussi weiß genau, dass ich den Kofferraum nicht schnell genug wieder zugeschlagen bekomme. Heute ist sie aber gut drauf und hält tatsächlich ihr Schandmaul, ich kann in Ruhe ausladen und die beiden ordentlich anleinen. Rucksack auf den Todesstern und los geht's.

Von der Haardt kann man durchaus als Arschlochhunde-Paradies sprechen. Es gibt mehr als genug Wege, auf denen auch bei schönstem Wetter wenig bis gar nichts los ist. Ich nutze die ganz gerne, um Dinge für den Alltag einzutrainieren. Hören zum Beispiel. Ist auch immer ein Riesenplan, in ein riesiges Waldgebiet mit noch größerem Wildbestand mit einem Hund einzufallen, von dem man sich wünscht, dass er hört. Ein bisschen irre bin ich ja schon.

Während der Gelenkbus frei laufen darf (wie schon geschrieben: bis der seine Kilos auf Kurs hat, kann ich aus dem mitgebrachten Mehl schon was backen), ist der Todesstern samt Mehlladung erst mal an der Leine. Die Töle zickt in der ersten halben Stunde sehr verlässlich rum und muss erst mal die LSD-Hirnwindungen grade rücken. Der vor uns laufende Beagle hat auch zuverlässig alles aufgefressen, was anscheinend da am Weg rumlag. Die sind ja auch so eine Nummer, die Beagles. Ich mag die. Aber die gibt es doch auch nur, weil die Firma Vorwerk mal einen Bio-Staubsauger auf den Markt bringen wollte, oder? Den Canis insaugis. Turbo. Mit extra großem Magen.

Als wir dann schlussendlich alleine auf Kurs sind, kann der Todesstern mit seinem Gepäck auch von der Leine. Ich muss allerdings auch immer ein wenig wurfbereit sein – bei mir gilt die Regel: Hundearsch bleibt auf dem Weg. Egal was kommt. Uschi macht sich da gern nen Spaß draus und wartet, bis ich gucke. Dann sprintet die ins Gehölz. Gedacht, getan. Und ich höre direkt, wie der Rucksack den Sprung ins Gebüsch bremst. Der Todesstern hat die Tücken des Gebüsch-Asteroiden-Feldes einfach nicht berechnet. Gut für mich. Uschi aus dem Gebüsch gepflückt und weiter geht's.

Nach einer Stunde ist dann auch der Todesstern körperlich ein wenig angestrengt und fängt an, mich zu fragen, was man denn so tun könnte. Da ich anscheinend nicht schnell genug ne passende Aufgabe zur Hand habe – zack, weg ist sie. Und so erschallt mein lieblicher Ruf durch den Wald: UUUUUUU-UUUSCHHHHHHHHHHIIIIII! SCHEISSVIEH! HIAAAAAAAA! Aus einem Nebenweg plöppt ein Frauengesicht. Guckt mich fragend an. Aus der anderen Richtung kommt der Todesstern angeschossen, kann wegen der 2-kg-Mehl-Zuladung auf dem rutschigen Boden nicht mehr adäquat bremsen und landet rutschend und Matsche spritzend vor der Frau mit dem fragenden Gesicht. „Ach, da ist die Uschi ja." Sage ich. Und pflücke mit einem gütigen Lächeln den völlig dreckigen, tropfenden Todesstern von den Füßen der Wanderin. Und nen schönen Tag hab ich ihr auch noch gewünscht. Die hört sicher nie wieder auf ihren Namen. Negative Konditionierung nennt man das, glaube ich.

Es ist ein Arschloch

An manchen Tagen – heute – könnte ich den Todesstern echt aussetzen. An den nächsten Baum binden. Fünf Teletacs um den Hals und voll aufdrehen, bis die Bude leuchtet wie ne schlechte Technoparty.

Ein bisschen Psycho war die Tante ja schon immer. Ich habe es hingenommen, dass die anscheinend als einzige aus dem Wurf das Fass mit dem Zaubertrank gefunden und ausgesoffen hat. Die war halt als Welpe schon scheiße, aber ich wollte es ja so. Mit zwölf Wochen ist die dem Rüden so dermaßen auf den Pinsel gegangen, dass der sich komplett vergessen hat und den damals noch im Bau befindlichen Todesstern komplett im Schlund stecken hatte. Erzieherische Maßnahme war das nicht mehr, ich hab nicht aufgepasst und der Rüde war zu heftig in seiner Reaktion. Der kannte vom Galgo des Todes ja nur zwei Emotionen: Psychiataaaaaa!!!! und IKILLYOU!!!!!. Dazwischen gab es nichts. Gar nichts. Auch nicht im Gesicht, also mal knurren oder so. N-I-C-H-T-S. Die Falten saßen immer ordentlich in der Fresse, der Blick zum Steinerweichen oder halt mördermäßig angepisst. Dass das kein anderer Hund (außer dem Todesgalgo) verstand, hat er nicht verstanden.

So hat Motzi dann ihren ersten hausgemachten Schaden davon getragen. Bis sie wieder halbwegs mit dem Rüden spielte, verging ein gutes Jahr. Er hat sie noch einmal gemaßregelt, das ging aber glimpflich ab. Dem Gelenkbus hatte ich zwischendrin nämlich mal ein Fahrsicherheitstraining aufgedrückt. Bei mir. Und mit anderen Hunden. Und ein Kommunikationsseminar musste er auch besuchen. Und durfte nicht mehr auf die Couch. Das eher nicht aus Weltherrschaftsgründen, sondern aus meiner reinen persönlichen Frackigkeit. Wenn der Arsch meint, mir in meinem Haushalt nen Frosch machen zu müssen, frosche ich mal zurück. Und wenn ich frosche… Dann darf auch der Gelenkbus von Welt noch nicht mal atmen, ohne dass ich das vorher abgenickt habe.

Mit so einer schrecklichen Kindheit ausgestattet, wird man bei mir im Hause natürlich auch etwas verhaltensoriginell. Vor allem, wenn die Gene dann auch noch ordentlich mitmischen. Nicht nur, dass ich bis heute behaupte, dass die Hündin, wäre sie ein Mensch, eine super ADHS-Kandidatin wäre. Also rein hypothetisch. Ich weiß, dass das Kackbratzen-Teil super viel mitbekommt. Optisch, akustisch…sie nimmt gewaltige Mengen an Infos auf. Und manchmal kriegt die den Scheiß dann nicht mehr gefiltert. Ob das, wie ich mal gemutmaßt habe, an der Fellfarbe der Mutter liegt (Motzi ist Blau-Träger), kann ich bis heute nicht beantworten. Ich weiß, dass es bei den Blauen in vielen Rassen nicht nur gesundheitliche Schäden gibt. Inzwischen bin ich mir fast sicher, dass dieses Gen auch eine falsche Verschraubung in der Psyche der Hunde bewirkt. Aber das nur am Rande, ich schweife aus.

Heut jedenfalls ist Psycho-Stern-Tag. Autofahren: gruuuuselig! OHMEINGOTT! Zu HÜLFE! Himmel ist blöd, da ist Sonne. Andere Hunde? So eine Scheiße! Mein Planet, ach was...Mein Sonnensystem! Menschen? Fremd? *Plöpp* Weg ist sie, die Uschi. So ging ich also grad, nachdem ich meine Tochter vom Stall geholt hatte, noch mit beiden im Dorf kurz an die Pipi-Straße. Aus dem Nebenweg kam ein fröhlicher Mann spaziert. Aus dem Augenwinkel gesehen, dachte ich schon *FUCK*. Uschi sieht den Mann, kriegt die Illusion, dass genau dieser ihr gleich heimlich mit dem Baseballschläger eins überbraten wird und springt quer in den neben uns befindlichen Vorgarten. Wild grummelnd und aufgebürstet wie ein Kugelfisch. Wäre ja nicht das Problem gewesen, das Verhalten kenn ich von der Uschi. Heut hatte der Könich Gelenkbus aber Laune und beschlossen, den fröhlichen Menschen erst mal feist anzubrüllen. Ich hatte die Leine nicht kurz genug und der Könich steht nun also wild und Spucke bellend vor dem armen Spaziermenschen. Während Motzi mir zur anderen Seite den Arm ins Beet auskugelt.

Es wäre aber nicht unser Dorf, wenn der Mensch nicht einfach cool reagiert hätte. Er blieb stehen, leicht seitlich, schaute nur mich an und fragte ganz cool: Was hat der denn für nen Auftrag?

Meine Antwort – „Der ist heut wat psycho, der Arsch. Bitte entschuldigen Sie!" – kommt mit der roten Birne zusammen anscheinend so gut, dass der Herr sich einen grinst und weiter fröhlich seines Weges zieht.

Aussetzen kann ich die Kackbratzen auch nicht, sind jetzt zu berühmt. Verdammt.

Gesundheit!

Arschlochhunde-Besitzer sind nie krank. Während eine Mutter schon nur müde über manch kranken Mann lächeln kann (sorry, Guys!), ist ein Hundehalter grundsätzlich immer nur so krank wie der Hund ihn lässt. Nette Hunde können ja auch mal von jemand anderem spazieren geführt werden. Die Mini-Me-Ausgabe vom Gelenkbus, der meinem Vater gehört, kann sogar einfach mal eben bei Nachbarn untergebracht werden. So mir nichts, dir nichts. Der ist zwar auch auf seine Art ein kleines Arsch, aber lustig. Und wiegt sagenhafte 8 Kilos. Läuft bei meinen mit, als Lebendfutter. Falls ich doch mal die Orientierung verlieren sollte, draußen im Wald oder in der wilden Lüneburger Heide.

Der Gelenkbus hat auch nur drei Jahre gebraucht, um zu raffen, dass der Mini-Me kein größenwahnsinniger Hamster, sondern ein vollwertiger Shi-Tsu-Yorkie Mix ist. Sollen ja Hunde sein. Hat der Gelenkbus von gehört. Allerdings kommt der auf Mini-Mes Gesicht nicht so ganz klar (riesen Augen, schielt, Unterbiss, wo man ein Auto drin parken kann, langes Fell. Hallo?!) und außerdem kokst der genauso viel wie Motz.

Die höhere Evolutionsform des kranken Hundehalters ist der kranke Arschloch-Hundehalter. Während meiner Hunde-Karriere habe ich schon Leute mit gebrochenem Bein, starker Lungenentzündung oder auch leicht keuchend, mit rotunter-laufenen Augen, bei einer Hundebegegnung der dritten Art die gebrochenen Rippen haltend, getroffen. Alles egal, die Arschlöcher werden ausgeführt, müssen ja raus. Und kaum jemand findet für die richtigen Arschlochhunde eine adäqua-te Betreuung. Heißt nicht, dass es nicht tausende Hundesitter und Dogwalker gibt – der Markt ist da ja schier explodiert. Auf der Strecke bleiben da leider wirklich die Bud Spencers und Terence Hills unter den Hunden. Meine übrigens auch. Wenn ich meine beste Freundin nicht hätte, wäre ich so ziemlich am Arsch. Im neuen Dorf habe ich bisher auch niemanden gefun-den, der sich freiwillig und kompetent einen Gelenkbus um-schnallt und in den Orbit noch den Todesstern nimmt. Und am besten nur die beiden, weil Rudel mit anderen Hunden wäre bestimmt mit sehr viel Zeit möglich – nur die habe ich meistens nicht.

Heute hat es mich dann mal zerrissen. Mit heftigen Darmge-räuschen bin ich wach geworden. Wären die bei den Hunden gewesen….Nun ja, ihr kennt das. Direkt Tierarzt, könnte ja XYZ sein. Das arme Tier. Während ich mit blubbernden Gedärmen versucht habe, irgendwie gesellschaftsfähig wach zu trinken, wurde mir auch noch total kodderich. Also, so komisch. Na pri-ma, da lacht das Herz, morgens um halb fünf. Um fünf war ich mental darauf vorbereitet, samt Arschlöchern die Straße zu en-tern. Allerdings war ich da schon wirklich weich in der Birne und total stolz, überhaupt die Schuhe in der richtigen Reihen-folge angezogen zu haben. Um die Uhrzeit sehe ich noch nicht so ganz viel, meine Brille liegt aber im Auto. Egal, hier im Dorf bin ich anscheinend der einzige Depp, der so früh raus geht. Sagt meine Statistik.

Also mit Anlauf aus dem Haus raus. Mir wird immer schwummeriger, Sauerstoff und weiche Birne. Kommt mir vor, wie völlig besoffen nachts aus einer Kneipe rauszukommen. Leise knistert in meinem Schädel der Gedanke, wie der Todesstern sich manchmal fühlen muss, wenn die wieder einen ihrer Psycho-Tage hat.

An dem Gedanken kann ich nicht weiter festhängen. Die Köter biegen um die erste Ecke, an der Leine natürlich. Ich biege auch um die Ecke – und erschrecke mich zu Tode. Mit Zusammenzucken und allem Schnickschnack. Die Hunde bleiben stehen, gucken mich an, als ob ich nicht mehr so ganz gar im Kopf wäre. Fragend. Während ich die Leinen in der Hand sortiere, justiere ich meine Augen. Da steht ne riesen Mülltonne. Bewegungslos. Na, die hätte ja auch mal grüßen können. Puls geht wieder runter, mein Kopf wird immer weicher in dem schönen, sauerstoffreichen Wind heute Morgen. Die Hunde haben beschlossen, dass ich wohl nicht so ganz ernst zu nehmen bin heute und latschen ihren gewohnten Weg entlang. Ich zucke wieder erschrocken zusammen. Da! Mensch! Bestimmt mit Hund! Wieder gucken mich der Todesstern und der Gelenkbus fragend, aber gütig an. Ich versuche, was im Dunkeln zu erkennen – und erkenne dann die Straßenlaterne, die da lautlos rumsteht. Alter, die hätte ja auch mal was sagen können!

In dem Zustand noch weiter zu laufen, war eine helle Freude. Für die Hunde. Und ich weiß jetzt endlich, wie der Todesstern sich tatsächlich an seinen Psycho-Tagen fühlen muss.

Den Rest des Morgens habe ich übrigens mit einem besorgt dreinblickenden Todesstern im Bett verbracht. Die Chaoten-Uschi hat mir die ganze Zeit den Bauch gewärmt und den Schlaf bewacht. Der Rüde war so furchtbar nett, nicht direkt vor dem Bett zu schnarchen.

Heut Abend geht es schon wieder ein wenig besser. Und ich weiß wieder einmal, dass ich die besten Arschlochhunde auf der ganzen Welt habe.

Hunde riechen nicht nur Lungenkrebs – die riechen auch Blödheit!

Rotations-Schaden

Wenn das Arschloch sich zehnmal dreht, ist Abend.

Kennt ihr das auch? Man war mit den Schlachtschiffen noch mal draußen, kommt im besten Fall nur nass und kalt wieder rein. Im schlimmsten Fall nass, kalt und mit einer Anzeige. Wahlweise wegen Beißerei, tierschutzrelevanten Dingen (der wird nicht ordentlich gefüttert! Ich habe gesehen, dass der X-Stunden Gassi geführt wird! Skandal! Petition!), Bodennebel oder weil deine Frisur aussieht, als hätte der Blitz eingeschlagen. Menschen sind da ja kreativ.

Die Köter werden getrocknet (weil die einen sonst den gesamten Abend lang anstarren und mit vorwurfsvollen Blick direkt beim örtlichen Tierschutzverein, bei Amnesty International und dem VetAmt anrufen sowie auf ihrem FB-Profil ein Foto von dir hochladen, wo dick und fett „TIERQUÄLER!" drauf gepfotelt wurde), Futter in den Napf geworfen und dann kann man sich selbst vielleicht auch noch kurz aus den triefenden Klamotten schälen.

Kurz warmgeföhnt oder geduscht, verkrümelt man sich auf die Couch, was von den Hunden natürlich mit einem sehr ernsten Blick quittiert wird. Es steht schlimm um uns. Wir wagen uns auf die Couch. Dahin, wovon doch letztens die Zeitung

„Welt" noch berichtete. Weltherrschaft wird von diesem Möbel aus ergriffen. Länder und Kontinente regiert. Unsere Hunde wissen das und schauen sorgenvoll jeden Abend dabei zu, wie wir Pfosten diesen Pfuhl der Macht einfach besetzen. Je nachdem, ob man seine Tölen mitherrschen lässt oder nicht, geht der Abend dann weiter. Variante A geht bei uns so:

Ich gehe auf die Couch. Decke über die Füße, Buch an die Frau, läuft. Der Gelenkbus ist entsetzt. Körbchen eins wird von Kuscheltieren gefangen gehalten. Körbchen zwei stinkt nach Uschi und außerdem spukt es da. Bett ist unerreichbar hoch. Also schippert er allabendlich mit diesen Feststellungen Richtung Couch. Da er der Könich ist, muss er persönlich eingeladen werden, auf dem Thron der Macht zu liegen. Gehört sich so. Ich ignoriere das gerne mal – und werde mit stundenlangem Anstarren belohnt. Dieser Teil meiner Erziehung hat den Gelenkbus echt Nerven gekostet. Irgendwann kann ich dann seine Anwesenheit nicht mehr ignorieren. Seine Sabber läuft still an meinem Fuß herunter und kitzelt. Außerdem ist es irgendwie ekelig. Allerdings gewöhnt man sich in acht Jahren mit so einem Kleisterproduktions-Tier an einiges und reagiert nur noch mit gespieltem Ekel. Je nachdem, was die Gesellschaft grad halt ekelig findet, für einen selbst aber totaler Alltag ist und deswegen keiner Beachtung wert ist.

Der Könich wird also auf die Couch eingeladen. Nach zweimaliger Rückversicherung, ob ich ihn, wirklich IHN ausgewählt habe, mit auf dem Zentrum der Macht zu liegen, bequemt der seinen Molosser-Hintern endlich hoch. Ein böser Blick zu mir – ich liege da, wo er eigentlich hin wollte, aber mein Handtuch lag halt früher hier – und er trollt sich in die drei Meter entfernte Ecke, lässt sich fallen, schnauft einmal den Weltschmerz und die Entrüstung über einen so minderbemittelten Mitregierenden aus seinen Lungen und ratzt weg. Schnarchend. Das Zeichen für den Todesstern. Die Uschi hat auch so ihre Rituale. Wenn der Gelenkbus endlich zum Liegen gekommen ist, geht der Hunde-Frau (ja, es ist ne Frau. Wirklich. Durch und durch. Die rosa Krallen verbiete ich) durch den Schädel, dass sie eigentlich vorher noch genau die Stelle, wo der Gelenkbus liegt, staubsaugen wollte und die Kissen hübsch machen. Aus dem Augenwinkel sehe ich, wie die Hündin Kurs auf die Couch nimmt und die Pfoten auf dem Kopf des Rüden einrasten. Die Sehrohre plöppen auf – und zwar auf maximale Weite. Er stellt das Atmen ein. (Als ob das je was gebracht hätte.) Die Hündin klettert über den Rüden, stets darauf bedacht, mit jeder Pfote und Kralle mindestens ein Weichteil zu treffen. Tschulljung, sorry!, Tut mir leid! Stepp stepp stepp....Der Rüde kriegt nen Hals. Uschi lässt sich mitten auf ihn fallen, so ein Heizkissen unter den Brüsten ist ja was Feines. Frauen frieren ja immer und der Todesstern ist abends eines. Die Augen vom Rüden weiten sich auf 16:9. GEHT GAR NICHT ALTEEEEE!!!! Er schält sich aus seiner Position und furzt sich von der Couch, streckend. Der Todesstern tut sehr entsetzt. Der Rüde ist endlich komplett von dem Platz, den Uschi gern hätte.

Jetzt schaut sie mich zufrieden an, würde wahrscheinlich kurz die Hände reiben, wenn sie welche hätte und fängt an, DIE Position zu suchen. Drehend. Geräuschkulisse von einem landenden Düsenjet. Nach ca. 40 Drehungen und einen Hörsturz später gebe ich entnervt auf. Ich trolle mich ins Bett.

Uschi läuft mir hinterher. Stimmt, ist ja Bett-Zeit. Da müssen wir uns ja noch eine Kuhle drehen. Im Bettzeug. Wenn die Uschi mir nicht so perfekt die Füße wärmen würde, dürfte die nicht ins Bett. Glaube ich. Vielleicht.

Das Arschloch-Puzzle

Meine Hunde sind für mich Puzzle. Hört sich schräg an, aber ich erkläre euch das mal. Am besten an dem Puzzle mit zehn Millionen Teilen – dem Gelenkbus.

Als erstes braucht ihr dieses Bild im Kopf, mit dem ich gerne arbeite. Der Köter kommt als acht Wochen altes Puzzle zu mir. So ein Ding für Kleinkinder, wenige und große Teile. Nicht weiter schwierig. Man hat also eine putzige Panzerelfe im Miniformat zuhause und versucht, die wenigen Puzzleteile wie „Nicht in die Wohnung pieseln", „Nicht das Buch vom Kind mit den Welpenzähnen lesen und schon gar nicht die antiken Möbel", „Brrraaaaaav Sitz!" zusammen zu stecken. Manchmal dauert es etwas, bis man alle Teile zu einem fertigen Bild zusammen hat. Aber irgendwann denkt man: Voilà! Junghund ist fertig. Läuft. Manche – ich – bleiben dann ein paar Monate mit diesem fertigen Puzzle in der Hand stehen und erfreuen sich an dem vor sich hin sprießenden Paket, das inzwischen die Ausmaße und Wendigkeit eines VW T5 erreicht hat. Mit zwölf Monaten schau ich, nachdem der junge T5 neue Verhaltensweisen wie „Bodycheck", „Jagen", „Hundekumpel anpöbeln" mit in sein Repertoire aufgenommen hat, in meine Hände und habe auf einmal (Oh Wunder!) ein Puzzle mit 200 Teilen in der Hand. Das Bild ist eine Teletubbie-Wiese mit einem Teletubbie links oben in der Ecke, der einem hämisch zuwinkt. Also machst du dich dran und versuchst, alle Puzzleteile (Verhalten etc.) wieder in ein Gesamtbild zu fügen.

Während du überlegst, schrottet der T5 – getuned und aufgelastet – ein Körbchen, lässt sich vom Galgo zeigen, wie man jagen geht und pellt sich ein Ei, wenn du dem süßen Fratz irgendeine Ansage machst. Sitz wird überbewertet, ich will Party machen. Und zwar sofort. Ungläubig nimmst du das Puzzle, legst die bekannten Sachen zusammen. Einige Teile wollen aber nicht so recht passen, und du kommst einfach nicht drauf warum nicht. Hier beginnt ein Lernprozess – mit den unpassenden Teilen (zerfetzte Autoinneneinrichtung, gebissener Dobermann, völlig abstruses Selbstwertgefühl) in der Hand versuchst du, das gesamte Puzzle neu anzusehen. du bemerkst, dass ein Puzzleteil nass geworden ist (Magenprobleme). Deswegen ist es aufgequollen und passt nicht in die Stelle, wo es hingehört in dem 200 Teile-Puzzle. Also nimmst du einen Fön und etwas zum Beschweren (Tierarzt), um dieses Teil in das Gesamtbild einfügen zu können. Für ein anderes Teil (zieht wie blöd an der Leine) findest du im bisher nur in Teilen gelegten Gesamtbild nicht den richtigen Platz. Vielleicht hast du nur zu lange gestarrt und gesucht? Du gehst eine halbe Stunde weg (suchst dir einen Hundetrainer oder Hundeverein), kommst wieder und betrachtest das Puzzle wieder. Auf einmal siehst du, wo das komische Puzzleteil hin sollte (Trainer hat richtige Tipps gegeben und dir ordentlich den Kopf gerade gerückt. Wie kann man so einen Panzer ohne klare Ansagen und Strukturen einfach laufen lassen? Bist Du irre?). Eins fügt sich zum anderen, das Puzzle ist fertig. Du auch. Das war schon schwieriger.

Inzwischen hast du einen prächtigen 12-Tonner-Gelenkbus zuhause. Er ist dreieinhalb Jahre alt. Das Puzzle von damals ist ein wenig abgewetzt. Auf einmal schmeißt dir jemand ein Puzzle im Karton, welches gefühlte drei Millionen Teile hat, an den

Kopf. Das ist dein Hund. Er ist in der zweiten Pubertät, einige Dinge in der Erziehung hast du nicht so für voll genommen und Krankheiten haben sich auch noch unbemerkt eingeschlichen.

Du stehst vor einem voll im Saft stehenden 60 kg Cane Corso, ein Arschloch mit vier hochgestreckten Mittelkrallen, der es wissen will. Jeder, der auch nur falsch in sein Territorium atmet, blöd guckt, anwesend ist oder überhaupt lebt, wird angepöbelt. Gerne auf zwei Beinen. Macht bei einem Hund von inzwischen 76 cm Schulterhöhe auch keinen Spaß mehr. Der daneben stehende Windhund edelsten Geblüts will nicht mehr mit euch gesehen werden und geht lieber jagen. Was ist da falsch gelaufen? Hier ist irgendwann jeder Arschloch-Hundehalter. An genau diesem Punkt. Man sitzt vor einem Puzzle mit tausend Teilen, das mal der eigene Hund war. Das Puzzle hat das Motiv „Blauer Himmel". Und deine Aufgabe ist, dieses Puzzle zusammen zu setzen. Teile herauszufinden, die vielleicht jemand einfach in den falschen Karton gelegt hat und die gar nicht zu deinem Hund gehörten (Fehleinschätzungen von Trainern, Fehldiagnosen etc.)

Dieses Puzzle habe ich mit dem Gelenkbus schon ein paar Mal vollendet. Zum Beispiel in der zweiten Pubertät war, wo ich kurz davor war, den Hund einschläfern zu lassen. Ich habe darüber nachgedacht, gebe ich offen zu. Ein völlig explodierter Hund in dieser Gewichtsklasse, der seinen eigenen Halter angeht, darf nicht zum Wanderpokal werden. Das geht schief. Ich habe nicht lange so gedacht – vielleicht war es ein Abend – aber ich war mit diesem Arschloch-Puzzle zu dem Zeitpunkt einfach überfordert.

Heute, einige Jahre später und um wertvolle Erfahrungen reicher, weiß ich mit solchen Situationen besser umzugehen. Heute sehe ich, wenn ein Puzzleteil falsch ist – andere Menschen urteilen oft vorschnell und ohne die Geschichte und den Charakter des Tieres zu kennen. Und ohne sich selbst in Frage zu stellen – ohne hier abwertend sein zu wollen. Ich sehe, wenn ein Puzzleteil kaputt ist. Der Gelenkbus hat oft Probleme mit der Muskulatur, hängt sich seinen Kiefer aus, hat verschobene Rückenwirbel und dadurch Schmerzen – das ruft unerwünschtes Arschlochverhalten hervor. Hat er Magenschmerzen, wird der zickig. Ist was mit mir, passt er vierfach auf. Beim Kind und bei der Hündin sowieso. Wichtig, wie ich finde, immens wichtig bei der ganzen und steten Puzzlelei ist die Bindung, die ich zu dem Puzzle (Hund) habe. Die Qualität des Ganzen. Mein Gelenkbus verlässt sich inzwischen auf mich – bisher konnte ich alle Puzzleteile, egal, wie viele Teile ich vor mir liegen hatte, zu einem Gesamtbild fügen. Dazu gehörten allerdings einige Lektionen, die ich zu lernen hatte – sehr viele über mich selbst.

Und heute kann ich sagen, dass ich ein fertiges Puzzle in den Händen halte. Die Arschloch-Teile sind auch untergebracht und passen wunderbar. Ab und an bröselt mir ein Teil des Puzzles wieder auseinander. Oder ein Arschlochteil springt mit einem Poing heraus und reißt gleich mehrere benachbarte Kumpanen zum Neuordnen mit raus. Und ich bin immer froh, wenn ich es dann in endlicher Zeit erneut zu einem Geht-als-Rechteck-gerade-noch-durch-Gesamtpuzzle zusammenfügen kann.

Die Liga der außergewöhnlichen Arschlöcher

Erziehungstipps von anderen Hundehaltern gehen ja immer. Vor allem, wenn man richtig schlecht gelaunt mit völlig auf Krawall gebürsteten eigenen Arschlöchern unterwegs ist. Am besten sucht man sich dafür einen Schönwetter-Tag aus. Wenn alle Hundewisser, Erziehungsversteher und Tierschutz-Uschis nebst frisch frisiertem Horst unterwegs sind mit ihren total lieben, immer hörenden Hunden.

Wähle hier, um richtig in Laune zu kommen, am besten ein halbwegs beliebtes Areal. Du hast nicht viel Zeit, um mit den Arschlöchern, die wegen deiner schlechten Laune schon mal per se doppelt schlecht gelaunt sind, noch zu dem drölfzig Kilometer entfernten Teilbereich von Mordor zu fahren, wo ihr sonst immer laufen geht. Da, wo sämtliche Psychopathen der Erde ihre Leichen verbuddeln. Wo keiner sonst sich hin traut und man eigentlich seine Ruhe hat.

Arschlöcher werden also zuhause in den SUV verfrachtet. Auf einer viel befahrenen Straße muss ich länger an der Ampel warten und bin noch genervter. Die Hunde freuen sich, sie können voll geil auf Frauchen aufpassen. Also wird sich in Checker-Position geschmissen, Ohren nach vorne geklettet und angestrengt böse geschaut. Neben uns wird auf dem Bürgersteig etwas Kleines, Fluffiges spazieren geführt. OHA. Geht gar nicht. Frauchen könnte sich an dem Teppichfransen-Teil verletzen. Irgendwie. Und ab geht die Party – es wird verbellt, was das Zeug hält. Zumindest von Uschi, die ist bei sowas immer direkt auf Sendung und voll da. Der Gelenkbus braucht fünf Sekunden mehr, um des Könichs Haupt zu drehen (Krone könnte runterfallen). Dann wird aber mit gespuckt, volles Brett. Der Teppich, der sich an der Flexileine befindet, zeigt sich höchst unbeeindruckt. Dafür die Halterung des Teppichs umso mehr. Mein Wagen wackelt wie eine Personenfähre auf schwerer See. Vor lauter Alles-ist-blöd- und Ich-setz-die-Assis-gleich-aus-Stimmung hab ich keinen Bock, für Ruhe zu sorgen. Ich setze die Sonnenbrille auf. Abschirmen für Agenten.

Die Ampel ist immer noch nicht fertig mit ihrem bekloppten Rot. Ich merke, dass ich angestarrt werde. Im Auto links neben mir – super schickes Teil, Sportwagen, sauber, glänzend, keine seihernden Mordorbewohner drin – grinst mich ein gutaussehender Mann feist und nett an. Lacht sich über meinen wackelnden Wagen kaputt und startet einen Flirtversuch. Meine Hand geht zum Fensterheber für das Fenster, wo Fritz sitzt (der darf auf der Rückbank mitfahren). Leise öffnet sich das Fenster und der Gelenkbus hält seinen Drei-Tonnen-Schädel mitsamt vierzig Litern Sabber sofort raus in den Wind. Ein kleiner Hauch befördert ungefähr ein Drittel von dem gesamten Kleister, welcher in wilden Strukturen um seine Waschlappen-Lefzen hängt, auf das Auto des Schönlings. Der erstarrt in seinem Lächeln und sieht eingefroren zu, wie sich die Sturzbäche über das hübsch saubere Cabrio-Verdeck, der Schwerkraft nach, ihren Weg nach unten suchen.

Den Gelenkbus interessiert das nicht – da ist Wind, Wind ist geil. Rübe direkt in die Strömung halten und darauf warten, dass sich die Lungen von selbst füllen. Findet der prima, so Gelenkbus-Beatmungswetter. Muss man gar nix mehr selbst machen. Während sich also der Gelenkbus seihernd aus dem Fenster lehnend beatmen lässt, werfe ich dem (eigentlich netten) Typen ein entschuldigendes Grinsen zu und zucke höflich mit den Schultern. Tut der eingefrorenen Maske des Typen leider keinen Abbruch. Das hab ich ja gerne – nicht belastbar. Kann weg. Die Ampel wird grün, meine Laune hat sich doch wesentlich gehoben. Die des Rüden auch, der hängt immer noch mit seinen Tragflächen-Ohren aus dem Fenster und genießt die Beatmung. In dem Moment, den Rüden im Rückspiegel debil grinsend im Auge, beschließe ich doch, nach Mordor zu fahren. Der Köter hat es wieder mal geschafft – schlechte Laune ist weg, Termindruck kann mich mal. Ich bin raus. Die Erziehungstipps hole ich mir ein anderes Mal.

Und irgendwo auf diesem Planeten gibt es bestimmt Menschen, die drei Liter Sabber von einem glücklichen Rüden nicht sofort aus der Fassung bringt.

Wetter, Wetter, Wetter

Von Haus aus bin ich ja eher nicht so der Yeti. Schnee ist mal ganz hübsch, wenns denn kein Schneeregen ist. Finde ich persönlich. Gibt ja genug Leute, die da ganz furchtbar laut Hurra schreien – ich bestimmt nicht. In unserem Dorf gab es über Nacht dann auch Schnee. Mit Regen. Bestens gelaunt bin ich mit den Viechern heut Morgen also zu nachtschlafender Zeit vor die Tür. Der Gelenkbus konnte sein Glück nicht fassen – er liebt das weiße Zeug. Allerdings sieht er im Schnee immer aus wie ein verhinderter Arnold Schwarzenegger, der auf Knien über den Boden rutscht und ne verlorene Line Koks sucht. Rübe fällt wie von Muskulatur befreit nach unten, Nase in das Zeug und Allrad an. Loslaufen und dabei richtig fett abschnorcheln.

Ein bisschen bin ich froh, morgens alleine unterwegs zu sein. Wenn jemand den Hund so sieht…mich nimmt doch keiner mehr ernst. Ehrlich. Nimmt mich zwar sowieso kaum jemand, aber bitte. Die Geräuschuntermalung muss draußen nicht unbedingt sein, wir fallen ja so schon genug auf. Dem Rüden ist es egal, der hat Spaß. Bis er bemerkt, dass der vermeintliche Schnee eher matschig ist und seine zarten bekrallten Tellerminen nass werden. Zack, schlechte Laune. Trotzdem kann man den Rüssel weiter unten halten, könnte ja sein, dass sich die DNA-Struktur des Weges geändert hat und er seine GPS-Pläne im Kopf anpassen muss. Sonst verirrt der sich noch, der Depp.

92

Motzi ist da wie immer: Gräfin von und zu LSD auf Speed. Kaum aus der Tür, hat die Olle gecheckt: Draußen ist noch da! Und das anders! GEIL! Zack, Winterkrallen rausgefahren und mit bespikten Pfoten Vollgas. Doof nur, dass ich noch an Leine und Geschirr dran hänge, das bremst den Spaß etwas. Während ich die Balance verliere in dem Schmierseifenschnee, mit der linken Hand in den Rücken vom Rüden greife (der alleinige Grund, warum ich so einen riesen Köter habe. Man kann sich super festhalten und fällt nicht so feste auf die Fresse) und mein Körper beschließt, dass meine Füße mehr rechts viel cooler aussehen, merkt die Uschi das dann auch. Also, dass ich noch da bin, als Wurfanker. Tut der Arschlochtussi aber nix, die wartet einfach, bis ich meine Knochen wieder sortiert habe, der Rüde Fahrt aufgenommen hat und tippelt auf Krallenspitzen weiter fröhlich voran.

Ich fühle mich, als ob ich auf einem Feld aus rohen Eiern spazieren gehe und dabei bloß keins kaputt machen darf. Alle Wege sind matschig-glatt. Inständig bete ich, dass heute Morgen kein anderer Hundehalter auf die Idee kommt, mir entgegen zu kommen. Am besten noch unbeleuchtet. Oder mit blauem Leuchtie. Die mit dem blauen, das sind die schwarzen Labbis. Und die mögen meine Hunde nicht. Die wollen die immer fressen. Deswegen sind die Arschlöcher sich inzwischen einig, dass alles mit blauem Leuchtie ein Labbi ist und gehen sofort in den Verteidigungsgraben.

Ich hab aber Glück und schaffe es mit den Haltungsnoten 8,0 – 7,5 – 5,3 bis zur Wiese. Der Rüde sieht inzwischen aus, als ob er den Kopf in eine Kreissäge gehalten hat und danach mit Uhu gelöscht wurde. Aber wenn es ihm Freude bereitet – bitte. Uschi krallt sich ihren Weg und versucht immer noch, Speed drauf zu bekommen. Ich hänge genau mitten drin – leicht schliddernd, hinten von dem mit DNA-Analysen beschäftigten Rüden gebremst und vorne vom Todesstern mit Spikes beschleunigt. In einem Haus leuchtet ein Fenster auf. Ich sehe einen Schatten mit Tasse. Vorsichtig versuche ich, wenigstens so zu tun, als ob das Sinn hätte, was ich da veranstalte. Interessiert die Hunde wenig.

Die Hündin muss nämlich dringend. Und wenn die ihren Haufen loswerden will, muss die ganz schnell durchs Gebüsch rennen, mit zugekniffenen Augen und „DRIIIINGEEEEND!!!!" in den Augen. Immer. IMMER. Je schneller die wird, desto weniger weiß sie, wo sie sich in dieser bösen Welt sicher zum Kacken hinpflanzen kann. Es wird gesucht und gerannt. Um sich dann – man ahnt es – irgendwo hinzusetzen, wo sie auch wirklich JEDER sehen kann. Macht Sinn. In ihrem Kopf. Ich hab mich dran gewöhnt.

Der Rüde ist da einfacher. Der hat eine Stelle, wo hingemacht wird. Immer. Neuer Ort, wird ne Stelle gesucht, als Scheißhaus erkoren und täglich genau im Planquadrat genutzt. Im Alter fängt er allerdings an wie der Galgo: zum Kacken hat man keine Zeit mehr – beim Vorgang wird plötzlich mit gesenktem Hintern weiter gelaufen. Nun ja…sieht komisch aus, aber zum Glück nur der Hund. Mich guckt man dann nicht so strafend an wie bei der Uschi, die mit Lichtgeschwindigkeit durch Gebüsche pflastert, um DIE Stelle zu finden. DIE.

Der Rückweg ist deutlich einfacher. Ich hab einen piratenähnlichen Gang gefunden, der relativ wenig rutscht. Dem Todesstern ist aufgefallen, dass es noch nachts ist und man eigentlich noch cool schlafen könnte. Und Hunger hätte man jetzt auch.

Der Gelenkbus sieht aus wie eine explodierte Eule und ist nass. Seine weit aufgerissenen Augen leuchten uns den Weg nach Hause und ich weiß noch vor der Haustür, dass ich den trockenföhnen muss, damit die Laune von -276 Grad wieder auf null geht.

Manchmal ist es doch schön, wenn die Arschlöcher so berechenbar sind.

Fear and loathing los Corsos

Sport ist ja so eine Sache. Super Ding zum Zuschauen. Mir machen Extremsportler sehr viel Spaß – also, wirklich zum Gucken. Wobei ich auch immer gerne Sport getrieben habe, teilweise auch über meine Grenzen hinaus. Sollte, wie ich finde, jeder mal ausprobieren. Eigene Grenzen finden und auch mal darüber hinausgehen. Früher bin ich ein paar Jahrzehnte geritten, gelaufen, hab Basketball gespielt. Als die Rippe des Todes, der Galgo, bei mir Einzug hielt, war es Downhill-Mountainbiking. Der Galgo hat mich dafür gehasst. Er konnte dann nämlich nicht jagen gehen – ich war viel zu schnell weg. An den Rheinwiesen in Düsseldorf bin ich mit dem Bike oft Ausdauertraining gefahren und der arme Galgo musste mit. Der Hund fand es furchtbar, hat aber brav mitgemacht. Auch wenn der mich garantiert des Öfteren (immer) zum Teufel gewünscht hat. Aber wir haben gemeinsam etwas getan und das hat den Hobby-Rotti und mich zusammengeschweißt. Er konnte gut am Fahrrad ohne Leine laufen, ich hatte ihm beigebogen, was „In Line" (hinter mir), „Go forward" (direkt in Front) und „Stay beside" (neben mir laufen) bedeutet und dass es ne blöde Idee ist, so ein Kommando zu unterbrechen.

Allerdings hat mich das ein Fahrrad, eine große Rechnung in der örtlichen Eisdiele, einen strafenden Blick vom örtlichen Jagdpächter und fünf Jahre Nerven gekostet. Die Eisdiele an unserem Weg war eigentlich immer das Pausen-Café, da haben Galgo und ich Eis gegessen (Oh Gott, darf ich das überhaupt schreiben? Ich habe dem Köter immer ein eigenes Eis gekauft. Vanille mit Sahne. Zwei Kugeln, dick Sahne. Kreuzigt mich, Tierschutz-Uschis und Ernährungs-Horsts! Ich habe es verdient!). Ein paar Mal hatte der Galgo beschlossen, dass ich heute mit meinem Programm ne völlige Fehlentscheidung getroffen habe und ist einfach von dannen gepest. Das haben diese Drecksack-Windhunde ja leider drauf: Gas an, Hund weg. Lichtgeschwindigkeit. Du siehst noch nicht mal mehr nen Kondensstreifen. Mach 10 mindestens. Und bei dem Windgeräusch in den Ohren hören die natürlich nicht mehr die zierlichen Rufe „HIAAAAAAAAAA ICH TÖTE DIIIIIIIICH! VERDORRICHNOCHEINS!!!!". Kannste knicken.

Der Galgo ist dann immer zur Eisdiele. Die kannten den da, der ist rein und hat sein Eis bekommen. Wenn ich länger gebraucht habe (und das war IMMER der Fall! I-M-M-E-R! Mit dem Kack-Fahrrad kriegste noch nicht mal 40 km/h hin, geschweige denn Mach 10) bekam er mehrere Eis. Und mehr Sahne. Arschloch.

Nun habe ich die beiden Leinen-Assis, die laufenden Mittelkrallen und mache seit letztem September wieder Sport. Erst mal nur zuhause, dann hab ich das Laufen wieder angefangen. Und mir doch arge Gedanken gemacht, wie ich zwei in unterschiedliche Richtungen ziehende Kackviecher so in Spur bekomme, dass die grob sortiert neben mir laufen. Nun bin ich inzwischen so weit, dass der Todesstern begriffen hat, dass Frauchen scheiße übel sauer wird, wenn sie im Laufen plötzlich nach rechts ausbricht, um einen Köpper in den Graben zu machen. Der Rüde ist Kummer gewohnt, den habe ich sogar eingefahren.

Der kann Bollerwagen ziehen. DER Job für einen Gelenkbus. Und Spaß hat er da auch dran, wirklich. Wichtig ist auch, dass die Kackbratzen begreifen, dass beim Laufen vor dem Wagen pöbeln, ausbrechen oder vor die Füße rennen Höchststrafe bedeutet.

Der Todesstern hat das noch nicht so verinnerlicht und ist mir gerade dann – wir waren echt in nem guten Rhythmus beim Laufen – mal eben rasch über Kreuz nach links in den Gelenkbus gesprungen. Weil: Bock drauf. Die Autofahrer hatten ihren Spaß beim Vorbeifahren. Schwanensee – aufgeführt auf einem drölfzig Kilometer langen Geradeaus-Weg. Die Hauptfigur mit leichten Drehschwierigkeiten, umkreist von Kleinpferden, die wie Hunde aussehen. Bombe.

Aber ich gebe wie immer nicht auf. Der Gelenkbus und die Uschi sollen dieses Jahr vor einem Trainingswagen laufen. Den werde ich noch ein bisschen aufhübschen und einen schönen Streitwagen-Look konstruieren. Damit rolle ich dann durchs Dorf. Mit den Assi-Spacken davor. Das wird ein Spaß – und Eintrittskarten für die Show verkauft meine Tochter. Der bin ich dann peinlich und sie will wieder nicht mit mir in Verbindung gebracht werden.

Mein kleines Pony

Pferde hatte ich ja auch – auch so Arschlochgeräte waren darunter. Dass waren, ehrlich gesagt, die besten. Die hatten wirklich Charakter und haben den auch vertreten. Ihr könnt euch garantiert denken, wie. Hab ich auch ne Menge von gelernt. Vor allem, dass ein Reithelm richtig Sinn macht. Bei den Pferden war ich auch immer eher die Rustikale – im Winter ne Decke? Hau ab, die haben Winterfell! Und sehen auch noch total witzig plüschig damit aus! Ein bisschen wie ein explodierter Hamster auf Stelzen. Hatten die ohne Decke nicht und deswegen fand ich die schon weniger lustig.

Bei den Hunden, die mich früher so umgeben haben, kam man überhaupt nicht auf die Idee, denen was anzuziehen. Der Killer-Dackel der Familie hätte mich wohl einmal mehr gebissen. Allerdings wäre der mit so einem Pelzkragenteil (es gibt ja inzwischen Sachen für die Hunde, da kommt man aus dem Staunen gar nicht mehr raus!) auch nicht so leicht in irgendeinem Bau verschwunden. Plöpp, festgesteckt, rausgepflückt. Das wäre definitiv einfacher gewesen als ausbuddeln.

Als der Galgo einzog, hab ich mir da ehrlich gesagt immer noch keinen Kopf drum gemacht, dem Vieh im Winter was anzuziehen. Trotz fehlender Unterwolle und absolut keinem

Gramm Fett an den Rippen ist der in den ersten Jahren auch ganz gut durch sämtliche Untiefen von Schnee, Schneeregen und eiskaltem Rhein gekommen. Der hatte so dermaßen lange Kackstelzen, dass sein Bauch eh nur beim Spielen mit dem Schnee in Berührung kam.

Dummerweise wurde His Gomezness aber dann doch mal älter. Im Alter friert man ja schneller (also, ich zumindest). Als Windhundhalter bist du spätestens nach einem halben Jahr gegen jeden Figur-Spruch ob der Rippentöle immun. Wenn diese wandelnden, tapezierten und alternativintelligenten (blöd hört sich immer so un-nett an) Knochenkarusselle so durch die Kälte zittern, sieht das schon spektakulär aus. Vor allem für Mitmenschen, die voll keinen Plan haben, aber alles total gut wissen.

„FÜTTERN SIE DEN NICHT????" – worauf mein damaliger Lebensgefährte (1,90 m groß und sagenhafte 65 kg, also völlige Windhundfigur) die Fragestellerin total ernst anblickte. Er sah auf mich, sah auf sie zurück und entgegnete wirklich todernst: „Meinen Sie, dass wir bei der was zu essen bekommen?" Ich hab mich fast an meiner Bratwurst verschluckt vor Lachen, die Frau gab dem armen dünnen Mann mit dem noch ärmeren dünnen Hund Recht und guckte mich strafend an. Ich hab es natürlich vorgezogen, mir die Reste der Bratwurst sofort und auf einmal reinzupfeifen. Ab 200 Gramm antwortet es sich schlecht: perfekt aus der Affäre gezogen.

100

Trotzdem tat der Galgo mir irgendwann mal leid, der hat tatsächlich richtig gefroren. Also sollte er eine Decke bekommen. Aber nix mit Swarovski-Gedrisse, bunt oder Kragen. Ne, Stalldecke halt. Die hab ich auch gefunden, bei einem Pferdesport-Versandhändler. Original wie die Decken für die Pferde, nur halt in Mini-Shettygröße für den Hund. Geordert – der aaaaaarme Galgo musste nicht mehr frieren. Dachte ich. Rechnung ohne das Rippenklavier gemacht.

Decke kam an, ausgepackt, freudestrahlend dem Rippchen übergeworfen. Der erstarrte zu einer wunderschönen Windhundfigur von Hutschenreuther. Und blieb auch so. Ich bin um den rum getanzt, hab ihn gezogen, geärgert – nada. Dat Vieh war eingefroren. Decke runter – zack, Hund weg. In die Sicherheit der Couch. Ok, dachte ich mir: Challenge accepted. Galgo vor die Tür gezerrt, in den Schnee, gewartet. Er fängt an zu zittern. Zack, Decke drauf und voller Stolz gewartet, dass das Arschlochtier jetzt total stolz auf mich ist. Ich guck ihn an – Hutschenreuther-Windhundfigur. Nix zu machen. Freeze. At its best.

Bis ich den im Schritt mit Decke zum Laufen überreden konnte – Windhundbesitzer kennen die katzenartige Sturheit dieser wundervollen Kackbiester – vergingen Monate. Nach einem Jahr hat der Inselbegabte dann festgestellt, dass man in der Decke warm bleibt und sogar laufen kann. Immerhin. Manche laufen auch nach Jahren noch mit den Dingern, als ob denen gerade Schnellzement über die Hirse gegossen worden wäre.

Die Molosserfront ist da gechillter. Der Gelenkbus sieht das Teil als riesengroße Dackelgarage und zieht es einfach an. Läuft los, passt. Wird man nicht nass (geil!), hat nen warmen Rücken und wird hinterher nicht so dolle geputzt. Nur, dass die Uschi sich beim Spielen an noch mehr Falten rantackern kann, ist blöd.

Und dem Todesstern...der ist alles egal. Der könnte ich auch ne Rolle Kabelbinder um den ganzen Körper binden, würde die ziemlich drittens interessieren. Backsteine wären blöd, die bremsen.

Gib mir mal den Wattebausch, ich kann das!

Erziehung ist ja auch so eine Sache für sich. Gerade in der Hunde- und Kinderszene. Tausend Alternativen, ausgeführt von total individuellen Menschen – die aber alle dem gleichen imaginären Freund hinterher rennen. Was ich beim Galgo noch alles per Bauchentscheidung gemacht habe oder durch Ausprobieren gelernt habe, wird heute mundgerecht vorgekaut und medial präsentiert. Opium für den Hundehalter.

Mit einem jagenden Windhund hat man eigentlich schon genug an der Backe. Die wurden ja tatsächlich ursprünglich als Jagd- und Begleithunde gezüchtet. Das bringt die Otto-Normal-Uschi natürlich sofort auf den Plan: Jagen ist böse. Da gehen Hasis bei kaputt. Oder Rehe. Oder Elefanten. Egal, irgendwas geht kaputt, die TS-Uschi ist dagegen. Entspricht nicht dem Internet-Facebook-Profil, kann weggeshitstormt werden. Aber erklär das mal im Real Life einem Galgo, dass das total doof ist für den Hasen, wenn der Galgo im völligen Rausch abdampft und – seinen selektierten Instinkten folgend – das kleine plüschige Vieh gern nackig machen will. Kommt übrigens besonders gut, wenn einem der eigene Windhund sonntags nachmittags, bei bestem Wetter im Familien-Spazierschlendergebiet am Rhein, abhaut.

Hinter Hasi her. Ich wusste bis zu dem Tag gar nicht, wieviel Blut in meinen Kopf passt. Auf jeden Fall hab ich geleuchtet wie diese Teile, die beim Fußball verboten sind. Sieht prächtig aus, wenn eine Frau, leicht an der Grenze des Wahnsinns vor sich hin zeternd, mit langen roten Haaren, knallroter Birne und ner Leine in der Hand versucht, einem Windhund im Jagdmodus hinterher zu kommen. In einem Steinfeld. Zwischen tausend Kindern, die total lieb fragen: TUT DER HUND DEM HASI WAS? Und man sieht im Augenwinkel noch den absolut irren Mörderblick des Galgos inklusive heraushängendem Eckzahn aus dem Fang. Ne, natürlich nicht. DER WILL NUR SPIELEN!

An dem Tag hat sich – gottseidank, ich wäre wohl als Supernova explodiert – keiner getraut, mir irgendwelche Tipps zu geben. Keine drei Minuten später, der Galgo war schon längst Richtung Hauptstraße unterwegs, hab ich mir einfach gewünscht, dass der für seine dämliche Aktion überfahren wird. Oder direkt vor den nächsten Baum rennt. Genickbruch, Olé. Ist ja eh die häufigste Todesursache bei den Rippchen, hab ich gehört. Kein Bremsschirm eingebaut. Zehn Minuten später kommt El Töle glücklich strahlend mit einer fast platzenden Lunge wieder. Kann kaum noch laufen – ABER GEIL!!!! HATTE DAT VIEH FAST!

Wie gesagt – an dem Tag hielt das gesamte Publikum ziemlich stickum sein (wie ich gerne sage) Fressbrett und starrte uns nur an. Rippenklavier an die Leine und die Bühne (hochrot und kochend) möglichst elegant verlassen. Rippenklavier ins Auto stopfen, Stelle in der Landkarte als Never-go-again markieren und Gas geben.

Mit den Molossern ist es auch so eine Sache. Da haben mehr Leute Ahnung von. Denken die. Weil, Kampfhund. Alle lieb, missverstanden und total umgänglich. Medien sagen was anderes, Medien sind doof und haben keine Ahnung. Dass die Arschbratzen auch mal für was gezüchtet wurden, wird gerne mal vergessen. Es gibt aber auch ganz klar Leute, die das wissen und die ihre Viecher wirklich sauber und gut erziehen – und diese übrigens stellenweise auch liebevoll mal als Arschloch, Bodenlenkrakete, Panzerfaust oder ähnliches titulieren. Die ihre gebrochene Nase vom Molosser- oder Terrier-Freudenspiel selbst richten und einfach weitermachen. Zu der Kategorie zähle ich mich. Oh, das überrascht jetzt natürlich.

Als der Gelenkbus noch ein Kleinwagen von 45 kg und 60 cm war, hatte er es noch nicht so mit der Distanz und dem Aufpassen. Hat er heute auch noch nicht, aber ist nicht mehr so schnell. Und ich bin inzwischen drauf wie die Leute aus Matrix, tut aber nix zur Sache (sieht aber verdammt cool aus. Weich mal so deinem Hund aus – grenzenlose Bewunderung. Außer von den Tierschutz-Uschis, die geben dir resigniert ihre Wattebäusche und bringen sich um).

Wir waren mit einer Runde von vier oder fünf Hunden unterwegs. Rottweiler, ein Dobermann, der meinen Galgo unbedingt heiraten wollte (so ein Schutzhund-3-Superstar. Weiß man auch Bescheid, wenn der total verliebt ist in…lassen wir das. Der Galgo fand den Scheiße) und halt meine beiden. Kleinwagen-

Fritzi rollte an, bekam Speed drauf und wollte mit den anderen übers Feld rennen. Wie gesagt, sportliche Rottweiler, ein Dobermann, ein Windhund. Gelenkbus zur Ausbildung. Man ahnt es...Der Gelenkbus bekam nicht mit, dass man auch bei Full Speed durchaus mal die Richtung wechseln kann. Dummerweise stand ich da blöd im und auf dem Weg rum. Direkt neben einem Graben. Der Gelenkbus kann nicht mehr ausweichen – fand das wohl auch ganz erheiternd – und nimmt halt mein Bein zum Bremsen. Komplett. Mit wirklich hervorragenden Wertnoten in der Pirouette, Landung und Fluch fand ich mich im Graben wieder. Das Publikum (eigentlich bis zu dem Zeitpunkt Freunde von mir) tobte und klatsche wild. Tosende Begeisterung...wäre nett gewesen. Aber die haben sich fast in den Schlüppi gemacht vor Lachen. Der Gelenkbus hat die Welt nicht mehr verstanden. Ich auch nicht, weil ich mein Bein nicht mehr gespürt habe. Am Ende dieses glorreichen Tages hatte ich die satteste und größte Beule meiner Flugkarriere (da ist selbst ein Tritt vom Kaltblut nicht mitgekommen): von der Hüfte bis unters Knie war alles rabenschwarz. Kommt auch cool im Sommer – dann kann man nämlich beim Schwimmen todernst erzählen, dass der blöde Freund einen schon wieder geschlagen hat. Während der daneben sitzt und wahrscheinlich überlegt, wie viel Beton man wohl braucht, um mich endgültig im Rhein verschwinden zu lassen.

Arschloch 2.0

Ein Morgen fängt ja perfekt an, wenn man die Äuglein öffnet und sich wundert. Irgendwas ist falsch. Mit Blick auf den Wecker weiß das geneigte Hirn dann: Yo. Hättest vor drei Stunden aufstehen sollen. Vier Wecker gepflegt überschlafen. Läuft.

Selbst die Dreckstölen müssen nicht raus, sonst hätten die ja geklingelt. Also schlufft man ins Bad, Zugang für den Kaffee in den Arm und langsam den Körper auf Betriebstemperatur fahren. Ich bin da nicht mehr der Hektiker – wenn ich zu spät bin, ist das so. Werde ich hektisch oder ärgerlich, wird es meist noch beschissener. Also, ich versuche es zumindest. Mit einem Weg zur Arbeit quer durchs Ruhrgebiet muss man einen Charakter wie der Dalai Lama haben. Hab ich meistens nicht, aber man kann es versuchen. Chilliger insgesamt, sagt man.

Die Arschlöcher trauen sich dann auch aus dem Bett und ich beschließe, doch ein wenig hektisch zu werden. Morgenrunde steht noch an und dann ab Richtung Rheinland. Also beginne ich mein morgendliches SM-Ritual und verkabele die Hunde. Der Rüde kann normal an seinem Halsband mit Zweimeterleine laufen, die Hündin ist wegen ihrer grenzdebilen Anfälle von „HUCH!" besser doppelt getaped, vier Backsteine, Geschirr und mit Half-Choke Halsband gesichert (Würgen klingt immer so hässlich und die Leute schauen. Immer. Vor allem, wenn da so ein schwarzes, röchelndes Todesstern-Teil mit Sauerstoffresten im Hals versucht, dem Köter von gegenüber die Weltherrschaft der Corsos in diesem Gebiet zu erklären. Mit Krokodilrolle am Geschirr).

Während der Gelenkbus noch die Murmeln im Kopf an die richtige Position schaukeln muss, ist Todesstern-Uschi bereits auf voller Betriebstemperatur. Ich hasse solche Charaktere. Da bin ich wie der Gelenkbus ... Moooooooment, ich bin erst vor ner Stunde wach geworden. Verwirren sie mich nicht mit Details.

Arbeitstasche wird auch direkt mitgenommen, der extra-große drei Liter Topf Kaffee „Extra Dark" fürs Auto und schon kann die Karawane los. Treppenhaus schaffen wir noch unfallfrei, der Rüde nimmt nur mal wieder die Haustür mit dem Schädel mit. Alles wie immer. Meine Sachen schmeiße ich auf dem Weg eben rasch in das fahrbare Tierheim. Wir schippern weiter, ich hab nun doch ein wenig Eile. Die anderen im Stau warten schon auf mich. Kaum denke ich das, fällt eine Murmel im Kopf des Gelenkbusses aus der Halterung. Die Nackenmuskeln lösen sich, der Kopp fällt auf die Straße und beginnt mit dem Ansaugtrakt eine akribische Analyse der GIS-Koordinaten. Von 60 kg gebremst, muss Uschi, die vorneweg mal zur Überraschung gezogen hat, nen Salto machen. Ich grinse, stört Uschi aber nicht. Trotzdem müssen die jetzt mal schneller machen.

Also wird der Gelenkbus mitsamt Ansaugtrakt auf dem Boden weitergeschleift. Uschi überlegt sich „HUCH!" und wickelt sich um meine Beine. Dem Drang, der blöden Kuh einfach mal mit der Pfanne von Villa Arriba die Gehirnzellen zu glätten, gebe ich nicht nach. Braver Halter, click, Keks. Ich werde nämlich geklickert. Weil ich Kekse mag.

Irgendwann schaffen wir es, einen Abklatsch von Schwanensee tanzend, den Feldweg zu erreichen. Planquadrat „Scheiße" vom Rüden erreicht, er macht sein Ding. Uschi „Huch!"t noch einmal, muss dann aber auch mal. Aber nur Pipi, Haufen ist hier zu aufregend. Da ist vor drei Wochen ein Feldhamster hergelaufen. Könnte was passieren.

Ich drängele – der Stau wartet immer noch auf mich. Inzwischen ist es gefährlich spät geworden. Also auf zum Rückzug, den Todesstern zwinge ich zum Planquadrat „Scheiße" vom Rüden. Das ist safe, da kannste. Findet sie heute auch, erstaunlicherweise und wir können gesittet den Rückzug antreten. Den sogar ohne nennenswerte Vorkommnisse. Dass der Rüde mitten auf dem Zebrastreifen stehenbleibt, sich das wartende Auto ansieht und über Murmeln im Kopf und Quantenphysik an sich nachdenkt, ist normal. Brauch ich ja nicht zu erwähnen. Motzi guckt mich kurz vor dem Auto so an, als ob ein Affe klatschend durch ihr Hirn hangelt. Kofferraum auf, Uschi rein. Rüde darf auf seinen Alters-Sitz, die Rückbank. Ist inzwischen auch so vollgesabbert dass ich die irgendwann mal als Kunstobjekt für den Tierschutz versteigern werde.

Und seit neuestem hat Uschi ne richtig geile Macke – die mich übrigens in den völligen Wahnsinn treibt: Autofahren ist auf einmal Kernscheiße. Hinten wird ab 30 km/h alles an Stressverhalten gezeigt, was die Natur so vorsieht. Ich (unter Zeitdruck, zu wenig Kaffee, erst zwei Zigaretten und grenzwertig genervt wegen mir selbst) finde das natürlich total prima und versuche brav, mich nicht aufzuregen. Klappt prima, bei Erreichen von Stau Nummer eins hab ich nen Puls wie ein Kampfjet und möchte das Tier gerne in die Freiheit der Autobahn entlassen. Der Gelenkbus schläft.

Ich koche. Und während ich so koche, tue ich das, was man definitiv nicht tun sollte – was aber passiert. Ein Schrei geht durchs Auto. Der Rüde linst, war nicht für mich, den Könich schreit man ja nicht an. Der Todesstern wird mal kurz klar, der klatschende Affe im Kopf wird durch den Duracell-Hasen mit leeren Batterien ersetzt und sie legt sich hin und pennt.

Ich starre. Definitiv mein Tag, der Mittwoch.

Motz and silent Fritz

Geräusche sind ja nun mal ein Teil unserer Welt. Der Todesstern findet das äußerst fragwürdig. Die war schon immer etwas irre mit diesen Schwingungen, die da durch die Ohren rauschen und die Knetmännchen am Schaltpult ihres Hirns in Wallung bringen. Besonders im Dunkeln, im Treppenhaus, bei Besuch, auf der Autobahn, auf der Landstraße, auf dem Platz und beim Spazieren gehen. Auf dem Feld geht's. Da machen ja nur Hasen Geräusche. Und Rehe. Und Füchse.

Wenn Besuch kommt, ist der Todesstern sowieso in Wallung. Da geht erst mal die Klingel – kann nix Gutes bedeutet. Da muss (obwohl die echt laut genug ist) die gesamte Bagage gewarnt werden. DA HAT EINER GEKLINGELT!!! ALLLAAAAAAARRRRM! Meuterei! Du kannst nicht vorbeiiiiii!

So langsam (nach vier Jahren) haben wir das auf ein erträgliches Maß – slightly imperfect – heruntergeschraubt. Danke nochmal, Bruce: Der Tipp war bei der Murmel-Tussi Gold wert.

Schritte im Flur, Todesstern muss auf den Platz. In höchster Erregung: Geräusche! Tu doch einer was! Sie kommen! (Falscher Film, ich weiß. Aber bei Geräuschen ist grundsätzlich Herr der Ringe maßgeblich. Bei Essen auch – da verstehe ich keinen Spaß. Komm nie zwischen mich (Nazgul) und meine Beute (sein Essen).) Der Gelenkbus hat schon längst geschnallt, was die Uhr geschlagen hat und sucht bei geschlossenen Augen seine Murmeln im Schädel. Der steht nicht auf, das Personal wird öffnen.

Besuch kommt rein. Ein dem Todesstern unbekannter – wahlweise auch bekannter – Mann steht da. Am besten noch mit ner Mütze/Kappe/langen Haaren/ kurzen Haaren/ überhaupt keinen Haaren. Vielleicht sogar noch ne Jacke an. Höchst gefährlich, diese Menschen. Macht übrigens jedes Date zu einer Zerreißprobe. Nicht für mich, wohlgemerkt. Wer bis in unseren Eingangsbereich gekommen ist, ohne dass dem Todesstern in Mars attacks-Manier der Schädel geplatzt ist, kann eine Runde weiter.

Jacke ausziehen, begrüßen. Erst ich. Dann der Gelenkbus, der alte Checker. Will erst mal wissen: Wer seid das – weshalb – hat es Essen bei? Ist es sabberresistent? Kann man es schubsen? Wenn der seine Checkliste abgearbeitet hat, ist dem wieder alles zu öde und er geht wieder die Couch festhalten. Mit Körpergewicht. Könnte ja sein, dass die wegfliegen will.

Jetzt darf der Todesstern – wenn halt der Kopp noch nicht explodiert ist – gucken kommen. Spektakulärst aufgebürstet, unter wilden Morddrohungen, kommt das Vieh angeschlichen. Sieht dann nicht mehr aus wie ein cooler Todesstern, sondern eher wie Jack Sparrow auf schwerer See. Wenn der Besuch weiter durchhält, darf der noch eine Runde weiter. Wir sind übrigens immer noch nicht im Wohnzimmer, nur am Rande.

Besuch wird angewiesen, den Mars attacks-Todesstern keines Blickes zu würdigen und wird auf den Ritterstuhl gesetzt. Besuch hat Anweisung verstanden und glotzt den Hund an. Abzüge in der B-Note, der Todesstern brüllt sofort Zeter und Mordio. Skandal, er hat geguckt. UND DER MACHT GERÄUSCHE!!!

Bis die Uschi endlich geschnallt hat, dass der Besuch keinen Baseballschläger, Bomben, Handgranaten, Bürsten, Blechnäpfe oder gar ein Schwert unter der Hose versteckt hat, kann schon mal eine Viertelstunde vergehen.

DANN kommt Uschi II zum Vorschein. Das süße, dem Labbi ähnliche Tier, dessen Knetmännchen im Hirn strahlend alle Schalter im LSD-Rausch wild hin und her kippen. Es freut sich. Oh, Besuch. Wollte ich schon immer haben. Geil. Bestimmt nett. Sie freut sich auf den Besuch zu, wedelt, dass das Parkett fliegt, geht zum Besuch und … Es atmet. Es spricht. WAHHHHHHHH … Uschi I ist zurück und schießt über den Couchtisch in die Sicherheit des Körbchens.

Ich hatte den Besuch vorgewarnt, dass die schräg ist. Und ich auch ein bisschen, ist ja meins. Besuch ist schwer beeindruckt und ich sehe, wie die Murmeln im Besucherhirn Macarena tanzen, während ein Duracell-Hase wild trommelnd drum herum hüpft. Eine Discokugel beleuchtet die illustre Szene. Aber nett ist er. Und hält wohl doch was aus.

Phäno-Men

In dieser Woche ging es mit den Arschlochhunden ziemlich viel auf die Autobahn. Viele Termine, Arbeit und die Fahrten nach Hause waren nicht vermeidbar – umso glücklicher bin ich um die Arschloch-Ersatzmama, wo die beiden Knallköppe wirklich bestens aufgehoben sind. Der Gelenkbus hat eh entschieden, dass ich zwar ein super Hotel bin (manchmal, immer, nie), seine wahre Liebe und Ehefrau aber Michaela ist. Manchmal könnte ich schon kotzen: Ist sie in der Nähe, wird ein Kommando von mir erst mal bei Michaela rückversichert. Danke, Arsch. Trotzdem lieb ich dich. Und deswegen.

Heute konnte ich dann reichlich früher die Arbeit beenden und hab mir gedacht, dass ich bei dem grandiosen Wetter – und bevor das Blitzeis kommt – mal eben in die Haardt fahre. Wiedergutmachung für die Arschlöcher, Seele baumeln für mich. In diesem riesigen Waldgebiet gibt es ein paar schöne und recht einsame Wege, perfekt, um vom Alltag abzuschalten. Heute hab ich ehrlich gesagt auch nicht mit vielen Leuten gerechnet. Die Tölen fangen auf dem Parkplatz natürlich schon ihre Lobgesänge auf den Wald an sich an und hauen mir mit der Lautstärke schon ein paar Schrauben aus dem Hörtrakt.

Aber heut will ich nicht so streng sein – die haben die Woche gut weggesteckt und waren halbwegs lieb. Also, Lobgesänge volles Brett. Bis die Schwarte kracht. Der Todesstern ist immer noch völlig irre im Auto, das paart sich jetzt noch mit den Freudenschreien. So ein Glück, dass keine TS-Uschi in der Nähe ist. Die würde mir nicht nur die Hunde, sondern auch noch das Auto wegnehmen. Die Hunde schreien – das Auto sieht jetzt von außen aus wie ein Feldversuch „30 Jahre nicht waschen". Aber ich kann noch rausgucken. Sowas stört die extragenauen Uschis ja auch.

Die Arschlöcher werden an die Leine geschnallt und los geht's in den Wald. Während ich noch überlege, ob den Rehen vielleicht auch kalt ist und die deswegen lieber im warmen Gebüsch weilen, tritt der Todesstern auf der Stelle. Eispfütze. Geil – so kann man nen Hund auch bewegen. Aber ich will nicht so sein, beide dürfen sich erst mal die Teufel aus der Seele rennen. Der Gelenkbus hüpft mit einem irren Grinsen an mir vorbei, der Todesstern ist mit Mach 4 schon nicht mehr zu sehen. Kommt heute aber zuverlässig zurück – es hat gute Laune.

So dümpeln wir eigentlich recht ereignislos und glücklich durch die Natur. Auf einem schmalen, gewundenen Weg rufe ich die Hunde zu mir – könnte ja jemand entgegen kommen. Tut es natürlich dann auch (Brav. Find ich gut. Obwohl ich keinen sehen wollte heute). Zwei ältere Herrschaften, die beim Anblick vom Gelenkbus die gewohnt steife Körperhaltung bekommen. Meine müssen bei solchen Begegnungen immer an den Rand, absitzen und Backen halten. Wissen sie auch. Todesstern hat heute Laune und zwar beste, schaut die Leute nur an und sagt keinen Ton. Während ich die Wanderer grüße, bin ich so grundbescheuert und drehe mich von dem Gelenkbus weg.

Die Leute sagen: Och, die hören aber super! Und der Mann starrt unbewusst den Gelenkbus an. Ich sehe seine Scheinwerfer aufpoppen und die kleine Idiotenbürste im Nacken einrasten. Die bekommt der nur, wenn Krieg ist. Kugelfisch ist ok, das ist nur imponieren. Idiotenbürste ist ganz schmal, kaum zu sehen und brandgefährlich. Immer in Verbindung mit starrem Blick und eingefrorenem Gesicht. Pauschal kriegt der Rüde einen auf die Backen. Wenn ich schnell genug bin, vergisst der sofort, was er eigentlich wollte und ist wieder normal. Klappt auch diesmal. Nur spricht mich die Frau nun an und outet sich als…Tadaaa… Erratet ihr es? Richtig, es ist eine TS-Uschi. Wohlgemerkt in einem riesigen Waldgebiet bei -5 Grad, halb drei freitags. Gehen die da nicht sonst einkaufen? Facebooken? Auto waschen? Rasen mit der Nagelschere schneiden?

DER ARME HUND!!! Wie können Sie! Wir hatten auch mal einen Hund, da muss man…weiter kommt sie nicht. Ich hab dummerweise den Gelenkbus aus den Augen gelassen. Der findet die Frau jetzt endblöd. Die moppert Frauchen an, mitten im Wald. Wenn das die Rehe hören! Geht gar nicht. Scheinwerfer poppen auf, Idiotenbürste go und er brüllt der armen Rentnerin eine neue Frisur. Inklusive Gel. Der spuckt nämlich ganz schön beim Bellen. Wie ein Alien. Nur noch schlimmer. Der Mann guckt blöd. Uschi guckt den Mann blöd an. Ich gucke blöd die Frau an. Der Frau läuft ein wenig Sabber aus einer Strähne, seilt sich an dem Pulli herunter. Auf die schicken Wanderschuhe.

„Ich glaub, der Hund weiß schon, wie ich das meinte. Sie jetzt wohl auch, oder?" Und ich trolle mich, bevor dem Mann einfällt, dass er auch mal einen Hund hatte. Uschi hat keinen Bock auf Krawall, die hat irgendwas in der Nase und will weg.

Weitere Menschen haben wir dann nicht mehr getroffen. Fritz ist glücklich, er hatte alles, was einen perfekten Arschlochtag ausmacht. Uschi ist enttäuscht, weil sie kein Reh mit nach Hause nehmen durfte. Also alles wie immer.

Inglorious Assholes

Meine Schwester sagte mal, dass jeder Hund am Anfang seines Lebens einen Film gezeigt bekommt. Der Film zeigt die Rasse-eigenschaften, was man zum Beispiel als Kangal so zu tun hat und was ein Hund so alles drauf haben muss. Dann bekamen wir nach den Dackeln den ersten Podenco. Kessi gehörte meiner Schwester. Von der Rasse hatte ich bis zu dem Zeitpunkt nix gehört. Der Hund kam um die Ecke und ich dachte direkt, dass die NSA bei uns einzieht. Alter Schwede – diese Radar-Ohren waren gigantisch. Und ließen die Optik von der Hündin echt ein bisschen ins Lächerliche abgleiten. Immer, wenn die die Pommestüten aufgeklappt hat, musste man lachen. Jeder. Dann hatte die noch einen Schlafzimmer-auf-Drogen-Blick dabei und war anfangs völlig ängstlich. Angst vor wirklich allem. Es hat ein gutes Jahr und viele Stunden am Stall und in der Stadt ge-kostet – inklusive meiner Nerven – bis die halbwegs erträglich war.

Der Galgo kam damals dann irgendwann von mir noch dazu – zumindest sah der mit diesen rassetypischen „Rosenohren" (wer sich das ausgedacht hat, gehört erschlagen. Die Dinger sind nur am Kopf der Pinzetten-Nase angebracht, damit der Wind nicht die Augen rausplöppen lässt oder die Murmeln samt

Knetmännchen aus Versehen bei Wendemanövern auf der Jagd nach draußen katapultiert werden) nicht so scheiße aus wie die Hündin. Beide waren dann irgendwann sowas wie „normal". Wobei ich bei einem Windhund heute nicht mehr von normal sprechen möchte. Die, die einen zuhause haben, wissen, was ich meine.

Die Podenco-Schlampe und das Rippchen waren sich auch oft einig. Köter gegenüber – Kernschrott und gehört gefressen. Hasi – gehört eh gefressen. Fressen, das Menschen servieren – die wollen uns umbringen. Aber hey, lass uns mal den Tisch abgrasen und deren unvergiftetes Essen klauen.

Meine Galgolette hatte dann wohl den Film für Rottweiler gesehen. Hab ich zumindest irgendwann vermutet. Nicht nur, dass der Knochensack einen astreinen Bodycheck hinbekommen hat. Der hat auch beim Spielen gebrummelt, mal einen betrunkenen Mann davon abgehalten, mich anzugreifen (und das nicht nur mit wildem Knochengerassel – der Galgo ist echt fies geworden!) und mit Vorliebe Dobermänner angegriffen. Nur beim Jagen, da war der ganz rassetypisch. Und beim Couchen natürlich.

Angesprochen wird man mit so einer tapezierten Kate Moss im Hundekostüm auch ständig. Damals – so vor 14 Jahren muss es gewesen sein – war das Internet noch nicht so präsent und ständig vor dem Schädel des versierten Benutzers. Viele kannten die Viecher einfach nicht. Aber Tierschutz-Uschis, die gibt es schon mehr als 14 Jahre. Mein Dank gilt immer noch der verkackten Tussi, die mich am Düsseldorfer Hauptbahnhof von der Polizei verhaften lassen wollte. Auf dem Bahnsteig. Weil ich die Rippe ja nicht füttere und sowieso total gemein aussehe. Die Diskussion mit den netten Polizisten, die übrigens die Welt nicht verstanden und dieser kreuzdebilen BMI 63 Tussi hat mich nicht nur die direkte Verbindung nach Frankfurt (mit gebundenem Sitzplatz, Reservierungen für Rippenklavier und mich kostet ja nix!) gekostet. Diese Tierschutz-Uschi (am Stand, den sie dabei hatte, nur dieses Vegan for President und „Ernährt euch richtig" – wohlgemerkt: BMI 63. Äußerst plausibel. Äußerst!) hat mein Verhältnis zu den TS-Uschis doch recht stark geprägt. Ich kann nicht anders, ich werde sarkastisch und ironisch, wenn ich auf euch treffe. Da kann ich gar nix für, is Prägung. Tut mir auch nicht leid, ihr schreit danach. Bitte, ich bin ein netter Mensch und geb euch gern Antworten. Aber lebt mit den Antworten – ich bin geübt, mit sowas zu sprechen. Und wahnsinniger bin ich definitiv.

Schöner sind dann die Begegnungen mit Jugendlichen. Auf einem Sportplatz begab sich folgendes: Junger Mann, vielleicht 16 Jahre alt, schreit seinen Kumpel an. „Altaaa! Das ist so ein Afghane! GUCKSTU! Hab ich schon mal in da Schule in Buch gesehen! Voll kraaaasss!!" Schaut mich und den Galgo an, der Galgo schaut, als ob der größte Abschaum der Welt versucht hat, mit ihm Kontakt aufzunehmen. Allerdings gucken die Viecher ja immer so (um dann schnell die Kurzwahl vom Psychiater anzuwählen: ES hat mich angesehen! ES! Mach was!). Ich fühle mich genötigt, den armen jungen Mann zu bestätigen.

„Ja, ist ein Afghane. Hatte schwer Krebs und eine ellenlange Chemo, da sind dem leider alle langen Haare ausgefallen." – „Siehste, Alda!" sagt es zu seinem Freund und dampft glücklich von dannen.

Ich kann nett sein. Wirklich!

Und täglich grüßt das Arschlochtier

Es gibt ja so Abschnitte im Jahr, da möchte man sehr gerne sehr reich sein. Und sich eine Insel leisten können. Ohne Menschen, Tiere oder ähnliches Gesocks. Nur Personal, vorzugsweise taubstumm. So eine Woche hatte ich gerade und wäre jetzt gerne bereit, vier Wochen alles hier an einem Parkplatz festzubinden und von dannen zu rauschen. Wild lachend, auf meinem Einhorn. Zurück zur Realität.

Gestern Abend saß ich vor meinem Laptop, ging im Geiste nochmal die vielen Erlebnisse mit meinen Arschkrampen durch, die man so in den Jahren ansammelt. Schöne und weniger schöne, manche durch Kommentare von euch wieder geweckt. Hatte mir eine Maske aufs Gesicht gepackt (in der stillen Hoffnung der Versprechen, die die Beauty-Industrie mir so um die Ohren pfeffert), den Gelenkbus dicht an mir (der haart derzeit, dass man den eigenen Luftansauger halbstündlich leeren muss wie das Flusensieb eines Trockners. Und das Zeug pappt an der Jogginghose. Ich geh Karneval übrigens als Chewbacca. Besoffen liegend auf der Couch höre ich mich eh so an.

Einmal kurz ins Bad, bin mit der Hand an das Pappzeug gekommen, das in meinem Gesicht rumlungert. Wasserhahn auf
– fettes Geräusch aus der Badewanne. Geräusch! Motzi steht
hinter mir und meldet: Da issn Geräusch! Mach was! Ich drehe mich um und sehe, dass sich die Dichtung aus der Armatur
der Badewanne gerade in Einzelteile auflöst und das Wasser
schön aus der Wand sprudelt. Mein Hirn – leicht müde, weil
schon elf Uhr – schreit still: FUUUUCK. Beide Hände auf das
Teil, runterdrücken. Überlegen – wo ist denn hier der Haupt-
wasserhahn? Der Todesstern steht hinter mir und schnüffelt
mir am Hintern. Das kitzelt, ich werde ungehalten. Was den
Todesstern sofort auch nervös macht. Prima. Während ich
überlege, wo dieser Dreckswasserhahn in der erst vor vier
Wochen bezogenen Wohnung ist, fällt mir ein: Ich hab ja noch
ein Kind. Schläft auf dem Sofa. Zehn Minuten später stelle ich
fest, dass meine Brut einen fantastischen Schlaf hat. Die hört
absolut nix. Hätte mir im Kopf bleiben sollen, nachdem ich
mich letztens erst nachts beim Hunde-Gassi ausgesperrt hatte und trotz Sturmschellen, nassen und triefenden, schlecht
gelaunten Molossern an der Leine und ständigem Anrufen
entnervt einen günstigen Schlüsseldienst herbeirufen musste. Die Beileidsbekundungen per Whatsapp haben übrigens
noch ein Nachspiel. Derjenige weiß es spätestens jetzt. Meine
Rache wird furchtbar sein. Ich sag nur – ich sammel Sabber.
Seit dem Abend.

Zurück ins Bad. Der Todesstern wird wütend raus katapultiert.
Ich überlege, wie ich diese Scheiße in den Griff bekomme. Der
Gelenkbus kommt gucken. Mein Karma hat seinem Karma was

mitgeteilt. Guckt mich fragend an, sabbert hinter mir ne fette Spur auf die Fliesen und beschließt, dass ihm das zu stressig ist. Außerdem hat es mit Wasser zu tun. Schon Scheiße. Eine Idee plöppt in mein Hirn. Wozu bin ich so ein langes Elend? Hände weiter auf der Armatur, drehe ich mich leicht, hebe ein Bein, strecke es aus und angele so ein Handtuch vom gegenüber liegenden Heizkörper. Eins nach dem anderen. Die werden feist um den sprudelnden Wasserhahn gebunden. So läuft der Schwall zumindest nur in die Badewanne. Dann springe ich aus dem Bad (Kind schnarcht, Todesstern flieht, weil ich unnatürlicherweise um diese Uhrzeit zu schnelle Bewegungen mache. Rüde ist genervt. NACHTRUHE!), Schluppen an, SCHLÜSSEL, ab Richtung Keller. Unten bei der Nachbarin kurz nachgefragt, sie schaut mit mir zusammen. Ha, wir finden den Hauptabsteller – einer von vieren ist es dann. Ich komme mir mit meinen Mc Gyver-Methoden langsam vor wie ein Superheld, direkt die richtige Leitung erspürt.

Wieder oben angekommen, schnappe ich mir die Hunde für eine kurze Abendrunde. In Schluppen (meine Birkenstocks des Todes – dazu ein anderes Mal mehr) und Armeejacke. Dann kommt meist keiner auf die Idee, mich anzusprechen. Die Arschlöcher wissen aber, dass Frauchen grade nervlich nicht so ganz auf der Höhe ist. Diverse Nahidiot-Erfahrungen in den letzten Tagen und das Erlebnis haben irgendwie nix von meiner Gelassenheit übergelassen. Also wird getan, was getan werden muss: Hundelederjackenkragen hoch, Kette zurechtrücken – wenn hier einer Frauchen anatmet, sind wir das. Und wir sehen ALLES. Wobei der Rüde inzwischen nachtblind ist wie ich und Uschi Angst im Dunkeln hat. Hervorragend. Ich schleife beide über die Straße und gebe, an der Wiese angekommen, Kommando: PIPI! Einer rechts, einer links – die besten Bodyguards der Welt gucken scharf in die Umgebung, wer da Pipi macht. Hat Frauchen ja gesagt. Beide voll aufgepumpt und für jeden Skandal zu haben.

Das ist dann wieder so ein Moment, der mir so viel fürs Leben beigebracht hat: Sofort eigene Emotionen runter fahren. Egal wie. Ich denke ans Essen. Leckere Schokolade, im 15 kg-Sack. Für mich alleine. Und grinse. Beide Köter gehen zur Wiese, pieseln und wollen wieder rein. Die dicke Daunedecke über den Kopf, habe ich mir gestern Abend redlich verdient. Und die Hunde auch.

Da hopster, der Hipster

Der Tag ist heute Nachmittag recht ereignislos. Wetter diesig grau, da kann man gut mit Arschlöchern spazieren gehen. Die Schönwetter-Besserwisser bleiben zuhause und nur die völlig durchgebrannten – wie ich – freuen sich auf ein erquickendes Matschbad mit Hund. Relativ stressfrei, die Arschlochhundehalter kennen sich untereinander. Ein nettes Hallo auf 30 Meter Distanz, während die Tölen sich die Flüche um die Ohren knallen wie in den schönsten Szenen von Harry Potter. Das Ganze wird gerade gewürzt von einer im Anfang der Läufigkeit befindlichen Todesstern-Uschi. Ein wenig Abstand (zu möglichst allem: Geräuschen, Hunden, Menschen, Autos, Büschen und… ach, eben allem.) ist da für mich recht logisch. Ich möchte a) nicht andere Hunde unnötig krawallig machen und b) meine verdammte Hündin nicht ständig röchelnd an mir hochziehen müssen. Die hat nämlich nicht verstanden, dass man die Hormone benutzt, um mal nen schicken Rüden aufzureißen. Der Todesstern nimmt das mit dem Aufreißen wörtlich. Heute mal kein Reh, ich snacke den pottenaggressiven Rüden von nebenan. Der wollte mir nämlich seinen Pansen schenken. So ähnlich schalten die Knetmännchen im Hirn der Hormon-Uschi derzeit.

Überhaupt sind Frauen / Weibchen vor, während und nach der Läufigkeit ja sowieso komisch bis skurril. Für meinen Teil darf ich das so frei heraus sagen – Randgruppenwitze an Randgruppen ausprobieren ist mein Spezialgebiet und außerdem bin ich auch eine. Weibchen. Frau. Also, weiblich.

Während ich in der PMS äußerst cool reizbar bin, Hunger habe wie ein westsibirischer Braunbär im Herbst und dabei aber auch noch völligste Zuneigung von irgendwas brauche, ist die Hündin einfach nur noch komplett mit sehr weicher Knete und Glitzer in der Birne ausgestattet. Wunderte ich mich vor zwei Wochen, dass die Olle seit neuestem im Auto irgendwelche Horrorfilme fährt, kann ich heute entspannt auf die Couch gehen und es mit dem berühmten PMS (= weibliche Entschuldigung für alles. Gilt auch vor Gericht. Und vor allen Göttern.) abhaken.

Sobald der Todesstern also anfängt mit der Läufigkeit, setzen die absolut typischen Verhaltensmuster ein. Verstrahlter Blick, ständiges An-Frauchen-pappen, nachts auf die Idee kommen, mit dem (gottseidank nun kastrierten!) Rüden ein Tänzchen um den Wohnzimmertisch zu wagen, extremer Hunger. Und draußen doppeltes bis vierfaches Anschrei-Potential, wobei dieses dann gepaart ist mit tausendfacher Angst vor eigentlich bekannten Dingen: Straßenlaternen, Autos, Graswiesen, Bäume…Manchmal möchte ich wirklich wissen, wie es in der Schaltzentrale vom Todesstern wirklich aussieht. Sitzt da Vader, wild kichernd und auf nem mörderischen LSD-Trip, haut sich dabei ne Meth-Pfeife rein und spielt Bingo an irgendwelchen Konsolen? Im Hintergrund tanzen Sturmtruppler zu Helene Fischers Atemlos hemmungslos an der Stange, Prinzessin Lea hat die Zöpfe auf und wirbelt die Haarpracht wild schreiend im Kreis. Luke stellt fest – DU BIST MEIN VATER – nimmt Chewbacca an die Hand und die beiden versinken in einem innigen Kuss.

Und dann schaue ich in diese verstrahlten Hündinnen-Augen, beschließe, dass es vielleicht doch noch viel schlimmer in ihrem Hirn aussieht und nehme sie auf den Schoß. Ich verstehe sie. Unter Hormonen sieht es nämlich in meinem Kopf aus wie in Fear and loathing in Las Vegas, mit Einblendungen aus Dogma und 300. In einer exorbitant guten Mischung. Da können die Rüden natürlich nicht so mithalten. Die Gefühle beschränken sich (gottseidank!) auf: Hunger! Fortpflanzung! Schlaf! – und meist in genau der Reihenfolge. Ok, Hormone haben die auch, keine Frage. Wir Frauen sind da aber viel cooler und vielfältiger. Hab erst mal so viel Glitzerknete im Schädel, Mann! Das macht so richtig fein weich – und ihr wundert euch, warum wir Einhörner und Nutella wollen?

Idioten in Moll

Wieso zur Hölle möchte man mir eigentlich immer erklären, wie entweder meine Hunde sind (man weiß Bescheid, Baby! Isch hab krassn Millan/Rütter/Internettrainer XY/die Stilwell gesehen und hab es drauf. Jawoll!), wie ich zu sein habe (Haaaaaha. Vergesst es. Haben zwei Ex-Männer versucht. Nada Colada, beratungsresistent) oder wie ich meine Hunde – wahlweise mich – zu ernähren oder zu bespaßen habe.

Ich rolle mit dem Räumkommando Arschloch auf unserem Spazierweg entlang. Auf zwölf Uhr erscheint ein „sportlicher" Labbi. Sportlich heißt hier: Wenn ich den einen Hang runter rolle, ist der definitiv schneller als der Todesstern in Stimmung. SO sportlich sieht der Labbi aus. Herrchen auch. Anscheinend nicht aus dem Dorf, wäre mir zumindest bisher noch nicht aufgefallen. Da ich bisher die blödesten Nahidiot-Erfahrungen mit schwarzen Labbis hatte (Amtsdeutsch: Hund wollte beschädigend beißen), bin ich beim Anblick von solchen leider Gottes direkt ein bisschen…. angespannt. In vollster Erwartung. Es gibt natürlich tausend wirklich nette Labbis, aber ich und die Tölen erwischen leider oft die Montagsmodelle, die für die Rüstungsindustrie gefertigt wurden, größenwahnsinnig sind und grad heut völlig Bock haben, zwei kampfbereite Cane-Köter zu fressen.

Der sportliche Labbi, der uns entgegenwalzt, scheint einer aus der Rüstungs-Labbi zu sein. Körpersprachlich haut der alles raus, was man so als Hund ausstrahlen kann, wenn man richtig fett Bock auf eine Boxerei mit Zähnen hat. Und Fellpuzzle. Und Blut. Anstarren, steifer Gang…man kennt das. Der Gelenkbus schnallt erst mal nix, der muss noch grad an einer Blume riechen. Der Todesstern an sich ist immer kampfbereit, wollte aber eigentlich gerade in ihrem gerade markierten Planquadrat „Scheiße" eine Mine versenken. Ich stehe in der irrsinnigen Annahme, meine Hunde könnten sich tatsächlich mal arttypisch und irgendwie normal verhalten, blöd auf dem Weg rum und sehe dem Rüstungs-Labbi beim Näherkommen zu. Hinter mir rastet in dem Planquadrat „Scheiße" eine Rute auf 12 Uhr ein. Das Geräusch löst eine Kettenreaktion aus. Die Flutlichter vom Rüden weiten sich, die Sehrohre werden ausgefahren. Uschi plöppt im Kugelfisch-Kostüm aus dem Planquadrat und atmet schon mal entrüstet aus, Krallenlack wird eingefahren, Kampfkrallen Marke Panzer Leopard kommen raus und rasten im Boden ein. Ich rolle die Augen – und wickel automatisch die Leinen brav je eine um die linke, eine um die rechte Hand. Wenn im Acker surfen, dann richtig. Mit beidseitiger Beschleunigung. Hab ich gelernt, tut nicht so dolle weh. Wenn die Tölen in eine Richtung ziehen zumindest.

Der Rüde ist auch bei Kugelfisch angekommen, gottseidank nicht mit Idiotenbürste. Breite Punk-Irokesenbürste, reines Showteil, wird aufgefahren. Sieht größer und nach BUHUUU-UU aus. Denkt er. Wie die Tuningsprofis im Ruhrgebiet. Nur mit weniger Pink.

Der Rüstungs-Labbi freut sich auf seinen provozierten Kampf, kommt aber dank seiner Adipositas nicht so recht in die Beschleunigung. Uschi ist entsetzt. Sie hat sich jetzt extra umgezogen, volles Kampffell – und der Gegner schwächelt. DAS IST EIN SKANDAAAAL!

Während ich überlege, mit welcher Blödheit ich eigentlich geschlagen wurde, dass ich in Birkenstocks ums Feld gegangen bin, hat der Rüde sich überlegt, diese dramatischen Szenen mit Gesang zu untermalen. In der Ferne ist ein Rettungswagen zu hören und da blüht der Enrique Iglesias im Gelenkbus auf. Es wird gejault – vollstes Brett und so schräg und so schief, wie ein Rüde nur singen kann. Kopp in Nacken, Sabber los. Ich schäme mich. Uschi ist noch angepisster, jetzt macht der eigene Kerl schon beim Krieg nicht mehr mit.

Den Rüstungs-Labbi hat es allerdings vor Schreck samt Halter auf den Acker gefetzt. Der hat wohl gar nicht damit gerechnet, dass der Kampf mit Gesang geführt wird. Und da ist der Gelenkbus mit seinem Mörderhupen-Gesang einfach unschlagbar. Seid ihr schon mal direkt vor einem LKW mit einem Fahrrad gewesen und musstet euch dieses 380 Dezibel-Angehupe geben? So ungefähr heult der Rüde. Mit Spucke.

Ich wünsche dem in der Matsche des Feldes liegenden Herrchen artig einen schönen Tag, frage, ob er sich etwas getan hat. Der Labbi will weg, Image im Arsch. So kann er nicht weiter leben. Der Halter grummelt was von scheiß Kampfhunden. Ich murmele was von Rüstungsidiotie und dass Labbis auch nicht mehr ordentlich fighten können. „Barfen Sie den? Das macht die Labbis ja tierisch aggressiv, hab ich gehört!" kann ich mir nicht verkneifen und zerre den Gelenkbus und den Todesstern von dannen.

Manchmal spiel ich ja auch gern Besser-Uschi. Aber wirklich nur manchmal.

Der „Ich hatte mal ne Katze"-Mann

Ich habe ein Date. Kein Hundemensch. Gar nicht. „Ich hatte mal ne Katze!" Grmpf, immerhin etwas, das atmet – ich persönlich hab es nicht so mit Katzen, die haben mich immer gehauen. Egal, was ich getan habe. Mit den Jahren wurde es besser, trotzdem bleibe ich den Kleistermaschinen in Hundeform doch eher zugeneigt. Oder so ein schickes Rippchen. Sorry, Katzenfans – die sind wirklich toll! Nur halt nicht meins.

Also muss der „Ich hatte mal ne Katze" den Hunde-Belastungstest machen. Wir gehen spazieren. Im Wald. So habe ich es entschieden. Wenn man mit mir näher zu tun haben möchte, kommt man um den Gelenkbus (Belastungsstufe 1) und den Todesstern (Belastungsstufe 2) halt nicht rum. Die wohnen bei mir (Belastungsstufe 3). Das Date kommt sogar zum verabredeten Parkplatz, der dank sonnigem Wetter auch schon gut voll ist. Viele Wanderer, wenige Hunde. Immerhin. Sonst hätte der arme Mann direkt die höchste Stufe durchleben dürfen – das wäre allerdings praktisch für mich, denn wenn der da nix taugt, brauch ich den im Alltag auch nicht wirklich. Ausnahmen wären Dr. House, der Clooney-Schorsch oder Johnny Depp. So rein vom Traum-Style her. Da wir aber mal schön reell bleiben, teste ich das, was sich anschickt, nett zu sein.

Man begrüßt sich, freut sich auf einen netten Nachmittag. In meinem Kopf schiebe ich Nachfüllpackungen Glitzerknete, Knetmännchen, die an der Stange tanzenden Sturmtruppler und Eisenkugeln für den Rüden aus dem Regal. Muss man bei Bedarf schnell dran kommen. Das Helene Fischer-Tape und H. P. Baxter von Motzis Playlist müssen heute draußen bleiben.

Die Hunde singen sich bereits ein, man weiß, wo es hingeht. Motzi hat den fremden Menschen und die anderen fremden Menschen samt Geräuschen, Hüten, Wanderstäben und was auch immer voll auf dem Schirm – weiß aber, dass sich hinter der Masse an Mutanten die Rehe befinden und freut sich einfach so. Kofferraum auf, Uschi raus. Voller BDSM-Leinenkram, beim Einsteigen schon heimlich an den Hund gefummelt, irgendwo zwischen einem rosa Geschirr, dem Lederhalsband und gefühlten dreitausend Metern feinster lila Leine schnackt der Hund auf dem Parkplatzboden auf. Einmal das „Ich hatte mal ne Katze" feist angebrüllt und schnell die Augen auf den Wald ausgerichtet. Date steht mit leichter Schiff-Haltung stramm und ist von Uschi hochbeeindruckt. Uschi aber nicht von dem. Belastungstest – läuft. Abzüge in der B-Note, notiere ich mir auf die Glitzerknete. Den Gelenkbus muss ich auch noch von seiner Rückbank popeln. Der überlegt sich heute einfach mal, rauszufallen, als ich die Tür öffne. Und zwar auf mich und den Todesstern. Bingo. Während ich versuche, die 60 kg zu balancieren und irgendwie elegant nicht auf den Boden klatschen zu lassen, wird „Ich hatte eine Katze!" immer steifer im gesamten Bild. Anspannung. Sowas brauch ich ja mal gar nicht, Freund. Sei gefälligst zumindest neutral, wenn du dich schon nicht über die Arschlöcher direkt freuen kannst.

Der Rüde hat seine Knochen sortiert, ich bin noch keinen Meter vom Auto weg und sehe schon aus wie drei Wochen Bundeswehr. Draußen, im Winter. Rüde gibt den Marschbefehl, ich korrigiere. Ich gebe den Marschbefehl. Uschi träumt, der „Ich hatte mal ne Katze!" traut sich an meine Seite. Der wusste nicht, dass es die Seite ist, wo Uschi immer läuft. Hab ich auch vergessen. Uschi aber nicht. Uschi findet den grad jetzt da völlig fehl am Platz und kommt angeschossen – leider genau durch eine Pfütze. „Ich hatte auch mal ne Katze!" tropfen Schlammbäche aus dem Gesicht, allerdings zeigt er sich immer noch recht steif, aber unaufgeregt. Eher….leicht dreckig halt. Das Gesicht hätte keiner schöner meißeln können. Uschi steht bei mir, Fritz will los – und dann passiert es: Einem Wanderer neben uns ist eingefallen, dass noch was im Auto vergessen wurde. Er betätigt die Fernbedienung und mit einem ARGH! GERÄUSCH! fliegt dem Todesstern die Glitzerknete aus den Ohren und alle bunten Murmeln purzeln über den Parkplatz. Panik, sie schießt los, ich hab die Leine nicht richtig. Reflexartig brülle ich. UUUUSCHI! HIAAAAA! Uschi bremst, besinnt sich (Reste der Glitzerknete plöppen in die Murmellöcher und rasten ein) und kommt zurück. War ja nix. Nur ein Auto, ne?

Ich gucke „Ich hatte mal ne Katze!" an. Der ist durch. Und wir stehen immer noch neben meinem Auto auf dem Parkplatz. Keinen Meter gelaufen. Er gibt an, kaum noch was zu hören und dass ich beim Schreien sehr angsteinflößend ausgesehen habe. Er empfiehlt sich, man hat (Gegenwind? Kopfschmerzen? Bodennebel?) einen guten Grund, am Spaziergang nicht teilnehmen zu können und trollt sich.

Die Hunde starren „Ich hatte mal ne Katze!" nach. Der riecht nach Katze, oder? Nix wie ran!

Galgos Labyrinth

Galgolitis: Diesen massiven Krankheitsbefall kennt wohl jeder Galgobesitzer. Hat man sich einmal an das schräge Aussehen der Viecher gewöhnt, möchte man die auch gar nicht mehr missen. Sobald man sein eigenes Hirn daran gewöhnt hat, dass die Leute einen ständig mit irgendwelchen Vorwürfen bezüglich der optimalen Kalorienzufuhr der Galgolette unaufgefordert vollquatschen, kann man sogar recht entspannt einen Bummel durch die Stadt wagen. Wenn es dem Galgo denn genehm ist, wohlgemerkt. Man lernt als Windhundbesitzer ja recht schnell, auf die Eigenarten und Launen seiner gottgleichen Tölen möglichst schnell und adäquat zu reagieren. Hat der Hund Laune, führt man diesen natürlich standesgemäß in hoheitliche Flachgebiete aus. Möglichst mit gutem Hasenbewuchs, der Hund will ja auch was geboten bekommen für sein Leid mit dem schlechten Personal.

His Gomezness war da keine großartige Ausnahme. Er hat es ertragen, wenn ich einmal mit ihm in die Stadt wollte – um dann direkt mit tödlich leidendem Blick mitzuteilen, dass eine artgerechte Haltung so definitiv nicht aussieht. Natürlich konnte ich ihn mit einem Eis, Waffeln oder Hühnchen-Nuggets kurzfristig bei Laune halten. Aber ehrlich: Geht mal über die Kö in Düsseldorf mit einem schlechtgelaunten Windhund. Da kann man

136

tragen und aussehen wie man will, man ist am Arsch. Komplett. Der Blick aus den riesigen, traurigen Augen. Weltschmerz pur. Die lange Nase wird noch dreißig Kilometer länger und das Leid des Abendlandes trieft in langen Fäden an der unendlichen Rute herunter. Passanten bleiben stehen. Natürlich muss man den Hund nicht hinterher ziehen, er hat sich ja seinem Schicksal ergeben. In diesen Momenten hätte ich das Vieh aussetzen können. Den Nächsten, der mir gute Ratschläge bezüglich der Figur erteilt oder sehr beherzt den Tierschutz an den Hals gewünscht hat, mal gepflegt in die Luft sprengen. Vielleicht den gottgleichen Hund direkt mit. So lässt man sich dann ein vehement schlechtes Gewissen von dem Hund einbläuen. Bin ich allerdings mit dem Galgo dann an den Rhein gefahren, dorthin, wo die Hasen wachsen und ein schier endloses Gelände auf den Könich der Bremsmanöver wartete – war der weg. Wenn ich keine Leine dran hatte.

So hatte ich mir dann angewöhnt, zumindest bis zu einer halbwegs sicheren (dachte ich) Zone, die Töle an der Leine zu lassen. Der von und zu Galgo hatte allerdings schon mindestens dreißig Hasen gesichtet, die unbedingt ein Lauftraining bei ihm haben wollten. Hat er mir gesagt. Ist ein schönes Gefühl, in einem Düsseldorfer Nobel-Distrikt mit einem hyperventilierenden Windhund an der Leine an den schönen und gutsituierten Leuten mit den wohlerzogenen Kleinsthunden spazieren zu gehen. Öfter mal ein entschuldigender Blick zur Seite, wenn der Galgo in seinem blöden, extra für Windhunde weich gepolsterten, Halsband hin und vor sich her röchelte, als ob ich den mit unsichtbarer dritter und vierter Hand würgte.

Endlich am Rhein angekommen, konnte das Vieh dann von der Leine. Einen Kondensstreifen später wusste auch ich an dem Tag, dass dieser Spaziergang wohl etwas länger dauern würde. Für mich. Einem Windhund im Jagdfieber, dummerweise von der Leine gelassen, braucht man nix mehr hinterher zu brüllen. Das hören die nicht mehr. Knete sitzt fest in den Ohren, wilde Murmeln rauschen durch die Blutbahnen und ein kleiner, irrer Darth Vader hat die Steuerung in der Schaltzentrale übernommen. Da machste nix, höchstens nen guten Eindruck. Und suchst dir an der abgängigen Stelle am besten eine schöne Parkbank. Da wartet es sich gemütlicher als im Stehen, bis das zarte, schlechtlaunige Wesen von den Beutezügen zurück ist. Denn eins muss man denen ja lassen: zurück kommen die. Nur wann, ist dann meist die große Frage. Dieser Tag neigte sich schon sehr dem Abend zu, bis ich (genervt von den vielen Fragen der Spaziergänger, wo denn mein komischer dünner Hund sei) endlich das Getrampel der Galgolette auf dem Weg hörte. Die Zunge auf zehn Meter aus dem Hals hängend, leicht schleppender Trab, Gangwerk wie eine kaputte Diesellok. Man war jagen, Frauchen. War geil. Trägste mich zum Auto? Und was zu futtern wäre jetzt auch ganz geil. Schnell, wenn möglich. Ist spät, das Bett ruft.

Habe ich erwälut, dass so ein Windhund extrem gut dafür geeignet ist, eigene Emotionen unter Kontrolle zu bekommen? Nein, ich habe ihn auch an diesem Abend nicht erwürgt. Auch wenn ich es sehr gerne getan hätte. Mit allen mir zur Verfügung stehenden Händen. Aber ich habe meinen Ärger runtergeschluckt, die leuchtenden Augen der Töle gesehen und mich lieber über mich geärgert. Einerseits, weil ich den von der Leine gelassen habe. Andererseits, weil ich es hätte wissen müssen. So gut kannte ich den ja nun schon und hab nicht das erste Mal auf ihn gewartet. Die Mistkrücke unter den Arm gepackt, bin ich dann zum Auto gegangen. Natürlich haben wir auf dem Weg nach Hause noch ein Fastfood-Restaurant besucht, der Hund hatte Hunger. Bis zuhause hätte er mich im Auto eventuell zu Tode gestarrt. Vom Beifahrersitz aus, was der zu der Zeit ja noch durfte. Und wollte. Man muss ja sehen, wohin der Kutscher einen bringt, ne?

Ein Königreich für einen Galgo

Dass Windhunde nicht unbedingt normale Hunde sind, wird einem spätestens nach einer Stunde im Besitz eines solchen bewusst. Egal, ob man das Vieh aus edler Züchterhand oder als „Sitzt in der Tötung!" bekommen hat. Ganz zuerst machen die einem weiß, dass es absolut unter jeder Würde ist, sich auf den Boden zu legen. Viel zu hart, man holt sich blaue Flecken mit den zarten Knöchlein und es schickt sich auch einfach nicht. Edles Geblüt liegt nun mal auf der Récamière. Wenn es eine solche nicht gibt, tut es eventuell auch die Couch. So diese denn ausreichend gepolstert ist, liebe Leser! Einen Windhund auf schlecht gepolsterte Möbel zu lassen, ist ein mehr als waghalsiges Unterfangen. Jeder, aber auch jeder, der noch im Raum anwesend ist, wird mit steifem Körper, starrem Blick und sehr entrüstetem Atmen auf diesen hochdramatischen Zustand hingewiesen.

Ebenso sollte man sich von funktionierendem Gehorsam verabschieden. Windhunde KÖNNEN hören, das steht völlig außer Frage. Ob sie es für gerechtfertigt, standesgemäß oder für in den aktuellen Tagesablauf integrierbar halten, steht allerdings auf einem anderen Blatt.

Als der Galgo damals zu mir zog, war ich Gebrauchshunde gewohnt. Reine Gebrauchshunde. Also nix mit Schnickschnack, Decke oder so einem wirren Kram. Einfach Hunde mit nem Job. Von Angsthunden hatte ich noch nie was gehört. Ebenso wenig wusste ich eigentlich, dass es sowas wie Galgos überhaupt gibt. Vom Tierheim hatte ich noch den Rat bekommen, die Töle erst mal gar nicht von der Leine zu lassen. Und dass es vielleicht sein könnte, dass der Hund so einiges nicht kennen würde. Was das genau für ein Ausmaß annehmen würde, war mir mit der Abfahrt vom Tierheim nicht so ganz bewusst.

Eines wusste ich aber sehr genau: der Köter stinkt. Bis nach Meppen. Wie ein fünf Tage totes Stinktier an ein wenig Buttersäure. Aus diesem stinkenden Fell glotzten mich während der Heimfahrt die riesigen Augen, garniert mit der langen und schiefen Nase, permanent an. Mein erster Entschluss war, der laufenden Stinkbombe erst einmal ein Bad angedeihen zu lassen. Würde der bestimmt nicht so prall finden – allerdings wäre ich spätestens am Abend schon an den Gerüchen aus dem Fell eingegangen. Und ehrlich, ich kann schon einiges ab.

Zuhause angekommen, wurde der Galgo von mir stolz Richtung eigenes Habitat geschleift. Als Erstes rannte er mir mit voller Wucht vor die Glastür – ok, war vielleicht zu gut geputzt von den Nachbarn, dachte ich mir in einem leichten Anflug von Blond. Zu meiner damaligen Wohnung gab es vor der Haustür drei Stufen – die sich just in dem Moment als Panzersperren entpuppten. Der Galgo kannte keine Treppen und bekam Panik. Krallen in die Steine, das große Zittern –nichts ging mehr. Also habe ich den Haufen Elend unter den Arm geklemmt und zur Haustür getragen. Soweit ja nicht weiter schlimm, dachte ich. Sowas kann man ausbügeln. Kaum in der Wohnung, zeigte die Rippe des Grauens direkt, dass auch Laminat (natürlich!) völlig unbekannt war. Hätte ich mir auch denken können und kratzte den armen, mit verkreuzten Beinen am Boden liegenden Hund wieder zusammen. Den Laminatboden hatte der auf jeden Fall schnell unter Kontrolle und konnte durch die Wohnung stalken. Ein bisschen sah er aus wie ein Marsbewohner, der auf der Erde zu Besuch ist. Dass ich genau diesen Blick und Gesichtsausdruck noch öfter sehen sollte, war mir zu dem Zeitpunkt nicht bewusst. Sehr gerne guckte der Galgo mich so an, wenn er in einem für ihn völlig inadäquaten Auto transportiert werden sollte.

Ein paar Minuten später hatte der Hund die Wohnung gesehen und entspannte sich ein bisschen. Die Nachbarskatze saß wie jeden Tag vor meiner Balkontür und wollte mich nerven. Dass das der letzte Tag der schreienden Katze vor meiner Balkontür war, wusste ich just in dem Moment, als die Galgonase auf der Scheibe einschlug. Wie eine Ziehharmonika klebte der Galgo an der gläsernen Balkontür. Somit war dann auch klar, dass der eindeutig keine Glastüren kannte und jetzt den Lerneffekt samt leichter Gehirnerschütterung (wobei ich mich tageweise gefragt habe, ob da nicht eher eine einzelne Erbse die Anweisungen für den gesamten Hund gibt) hatte. Wiederum kratzte ich den Galgo vom Laminat und stellte den erst einmal sicherheitshalber auf einen Teppich. Damit der wieder zu Verstand (ich geb es auf) kommen konnte. Da stand der, stinkend, verwirrt und hungrig. Nachdem ich ihn unter allergrößtem Protest einer gründlichen

Waschung in der Wanne unterzogen hatte, parkte ich ihn auf einer weichen Decke auf der noch weicheren Couch. Der Galgo begriff – das ist ein artgerechter Lebensraum. Schergen, die einem Decken bringen. Weich gepolsterte Fut. So ist es recht, das Personal kann bleiben, Hütte stimmt auch. Man bringe mir die Nahrungsmittel! So wurde mir befohlen und ich kredenzte der ehemaligen Straßentöle meine Köstlichkeiten. Auch hier musste ich lernen. Und zwar, dass ein Windhund, egal wie edel der aus dem Fell glotzen kann, lieber aus einem Mülleimer frisst als die Wurst aus der Hand. Meinen ersten leichten Wutanfall hatte ich somit auch. Es war einer von Tausenden, die noch kommen sollten. Aber immerhin konnte ich ihn abends sanft in den Schlaf kraulen. Mir tat nach der Nacht der Rücken weh, weil ich so verdreht um den Hund herum lag – aber der Galgo war glücklich. Er hatte seinen Menschen, sein Personal gefunden. Noch war ich ja nicht fertig ausgebildet, aber das würde der auch noch hinbekommen.

Erschießen light

Wenn man sich einen Galgo ins Haus holt, der auch noch aus dem Tierschutz kommt, sollte man eigentlich auf alles gefasst sein. Alles meint hier dann auch wirklich alles. Dass die Tölen ein recht untypisches Verhalten für einen Hund mitbringen, ist die eine Sache. Dass man relativ zügig von den armen, geschundenen Seelchen als Personal erkannt und behandelt wird, auch. Wer jemals eigentlich eine Katze haben wollte, aber den Komfort und gesundheitlichen Vorteil von Spaziergängen in der freien Natur (dort, wo die Hasen wachsen und selbst ein Maulwurf zum absoluten Highlight mutiert) bevorzugt, ist mit einer Galgolette bestens beraten.

Mit dem lustigen Verhalten einer Katze im Hundekostüm ausgestattet, bekommt man alles, was das Katzenhalter-Herz begehrt. Ich für meinen Teil war nie so dicke mit Katzen und kenne mich damit eigentlich auch gar nicht so aus. Seit dem Galgo allerdings dann schon, weil ich mich definitiv mit Katzenverhalten konfrontiert sehe. Zum Beispiel wenn das Personal spricht: weit aufgerissene Augen, die hinter der elendig langen Pinzettennase wohnen, starren dich an. Die hoheitlichen Rosenohren eng an den Fahrradsattel-Kopf gelegt. Natürlich sind bei entsetztem Windhund die Beine elegant über Kreuz geschlagen und er liegt wie hingegossen auf deiner Couch. Die Couch, die mal deine war. Diese ist nämlich eine untrennbare Symbiose mit dem Hund eingegangen. Sobald man nach Spaziergang und somit königlicher Jagd zurück in eigenen Gefilden weilt, möchte das hoheitliche Rippenklavier nur noch zwecks Anreichung des Essens gestört werden. Alles andere wäre nicht standesgemäß und muss abgelehnt werden. Erdreistet man sich auch noch, mit auf der Couch liegen zu wollen, sollte man am besten die Nummer des Krisenpsychologen, der Tierärzte ohne Grenzen und von Amnesty International im Telefon eingespeichert haben. Welches man dann schuldbewusst und reumütig dem blöden Windvieh ans Rosenohr hält. Wie soll man auch mit so langen Gräten ein Telefon halten, ne?

Der Galgo wohnte schon einige Jahre bei mir und ich hatte mich an seine Marotten gewöhnt. Dass man bei Nieselregen nicht normal auf einem Weg laufen kann, Schneematsch absolut tödlich ist und bei Wind besser ein Backstein am Halsband befestigt sein sollte, war mir in Fleisch und Blut übergegangen. Generell sind die Tölen ja der Überzeugung, dass alles, was nicht Kaiserwetter ist, den hoheitlichen Körper zum Schmelzen bringt.

So schipperten wir eines Tages gleichmütig die Straße vor unserem Domizil entlang. Es war ein Sonntag, wenig los und nur ein kleines bisschen kein Galgowetter. Die Rippe des Todes quälte sich so ihren Weg entlang, als er plötzlich mit den Hinterbeinen wegbrach. Einfach so. Ohne entsetzt aufgerissene Augen, ohne theatralische Ankündigung. Zack lag er mit seinem Allerwertesten (und der ist bei den Knochengerüsten wahrlich nicht sehr groß) auf der Straße. Das war völlig untypisch und machte mir wirklich Angst. Dem Hund nicht so, der war es ja gewohnt, dass ich ihn überall wieder aufsammelte und sorgenvoll nach Hause trug. So war es dann auch an diesem Tag. Zuhause angekommen, konnte er wieder normal laufen und auftreten – und trotzdem geisterte mir der Vorfall den ganzen Tag durch den Kopf. Da war etwas nicht richtig, ich konnte aber nicht herausfinden, was genau es war. Da keine akute Gefahr bestand, beschloss ich, am nächsten Tag meinen Tierarzt aufzusuchen und den Könich Galgo einmal durchchecken zu lassen. Vielleicht hat er sich ja wirklich mal bei einem seiner Überschläge im Full Speed die Wirbelsäule verletzt? War der letzte Hase doch der, der die heilige Handgranate bewachte und er hat nun Bombensplitter im Hirn? Fragen über Fragen quälten mich.

Am nächsten Tag eilte ich also mit dem Knochenhaufen zu meinem lokalen Tierarzt. Der kannte uns gut und wir kamen direkt zur Sache, Schätzchen. Nach Lagebericht tastete er den Galgo ausführlich ab. Nichts. Auch die organische Untersuchung ergab – nichts. Der Hund war voll im Saft, grinste blöd vor sich hin und freute sich. Kein Anhaltspunkt für irgendwas. Mein Tierarzt beschloss noch eine Untersuchung. Röntgen. „Also, diesmal nicht mit Taschenlampe. Richtig. Mit Gerät." Ok, machen wir, dachte ich. Und faltete den Galgo auf den Röntgentisch. Auch hier war es immens von Vorteil, dass die Töle mir endlos vertraut hat. Egal, was auf dem Brett stand: Wenn Frauchen sagt, das muss, dann muss das. So wurde er im hinteren Bereich der Wirbelsäule und an den Hinterläufen geröntgt.

Ein paar Minuten mussten wir auf die Ergebnisse warten. Der Tierarzt kam freudestrahlend mit den Bildern in der Hand auf mich zu gejoggt. Sportlich war der ja, der Tierarzt. Und immer gut drauf. Muss man, glaube ich, auch sein, wenn man in seiner Freizeit Löwen behandelt, weil man es cool findet. „Ich habe es, Antje. Der Galgo hat ne Bleivergiftung!" sagte der und strahlte mich an. Äh? Bleivergiftung? Auf nem Röntgenbild erkannt? Der verarscht mich. So blond bin ich doch gar nicht! Menno! Der Galgo strahlt, weil der Tierarzt strahlt – und ich strahle, weil ich nix verstehe. Dann sehe ich auch immer sofort sehr doof aus. Hat den Vorteil, dass ich nicht lange auf Erklärungen warten muss. „Guck hier. Der hat eine Diabolo-Kugel von einem Luftgewehr unter dem Muskel XY hängen, die ist gewandert und drückt auf den Nerv dort. Deswegen ist der zusammengebrochen. Und fühlen konnte ich das Scheiß-Teil auch nicht, weil es unter einem dicken Muskelstrang liegt. Haha! Fall gelöst!"

Ich bin immer noch verwirrt und gucke mir das Röntgenbild an. Tatsache. Da habe ich den Hund vier Jahre und dann kommt raus, dass der ne Kugel im Hintern stecken hat. Im Nachgang erklärt es ein paar Ungereimtheiten im Gangwerk. Und ich bekomme sofort ein schlechtes Gewissen. Dass ich nicht eher drauf gekommen bin, den Köter einfach mal komplett durch-röntgen zu lassen.

Weiter komme ich mit den Gedanken nicht, der Tierarzt hat Laune und kann direkt operieren. Er metzelt meine Bedenken bezüglich Narkose nieder. Er kennt das von mir – und ich kenne ihn. Auf den ist Verlass. Trotzdem lege ich ihm noch sehr nahe, dass ihn ein sehr langsamer und schmerzhafter Tod ereilen wird, wenn dem Galgo was in der Narkose passiert. Frohen Mutes fahre ich also einen Kaffee trinken, während der Galgo schlafen gelegt wird und der Herr Tierarzt sich eine OP-Schablone aus dem Röntgenbild bastelt. Wo der genau schneiden muss, wird genau auf dem Galgo eingezeichnet – weil man ja nix fühlen kann. Er wollte ihn auch nur so kurz wie nötig in der Narkose belassen, also gab es eine sehr genaue technische OP-Zeichnung in den Galgo-Hintern rasiert und ab gings. Eine viertel Stunde nach OP-Beginn erhielt ich schon den erlösenden Anruf. Kugel raus, Hund wach. Hund freut sich. Warum, weiß keiner, aber freut sich. Man kann sich ein bisschen vorstellen, dass ich seit diesem Tag sehr vorsichtig mit „komisch laufen" bei meinen Hunden geworden bin.

Den Galgo hat das alles nicht so interessiert. Der ist brav bei allen Spritzen wieder theatralisch zusammengebrochen. Als der wieder rennen durfte, hat er weiterhin versucht, sich entweder das Genick oder die Wirbelsäule bei Überschlägen mit Tempo 60 zu brechen. Business as usual.

Der Galgo des Grauens

Vor einigen Jahren war ich einmal mit einem Rocker zusammen. Das sind die, die jetzt gerade für „unsere Sicherheit" sorgen. Ich verlasse mich ja immer noch mehr auf meine Arschloch-Brigade, aber das ist eine andere Baustelle.

Mein Freund war also nicht nur intelligent, hatte nen wirklich guten Job und ich fand ihn auch ganz dolle hübsch – nein, ein paar Harleys, einen guten Musikgeschmack und keine Angst vor einem klapprigen Kate-Moss-Hund hatte er auch noch. Der olle Galgo hat den geliebt. Denn da, wo der wohnte, war super viel Wald drum herum. Mit vielen Hasen und Rehen. Wie ein eigener Traumplanet für den Caniden, der sich selbst ernähren will. Eines Abends gingen wir in den Wald, der Galgo war auch in Bruchteilen einer Sekunde nicht mehr zu sehen – nicht nur, dass er sich hinter ner jungen Tanne hätte verstecken können. Ne, Vollgas: HAAASIIIII! Man hörte noch hier und da ein Knackgeräusch und ein glückliches Kurz-vor-Lunge-platzen-Hecheln, dann nix mehr. Ein paar Minuten hörte man dann, wie der Galgo mit der Eleganz eines Kampfjets wieder einflog. Und auf einmal kam ein kurzes JJJJJAAAAAAAUL!- Stille, und dann wieder Galoppel – Galoppel. Hund stand hechelnd und glücklich vor uns. Alles easy, alles cool. Zuhause angekommen, trollte sich mein Ex in die Küche (ein begnadeter Koch übrigens) und ich sagte aus Spaß: Dann guck ich mal, ob das Rippchen noch alle Zähne in der Fresse hat. Ist bestimmt vor einen Baum gelaufen, so gut wie der bremsen kann.

Gesagt, gelacht, getan. Galgo auf links gedreht (natürlich auf dem Flausch-Teppich. Das arme Tier muss weich liegen), Lefzen hoch. Mir stockt alles. Ich starre auf den halbierten Reißzahn im Pinzettennasen-Maul. Mein Ex wird unruhig und kommt aus der Küche geschossen. Wenn die Trulla nicht redet, ist Holland in Not. Oder Wochenende. Man weiß ja nie. Wir starren beide auf den Reißzahn. Der ist tatsächlich exakt zur Hälfte weg. Sauber abgebrochen. Keine weiteren Verletzungen, kein Kanal zu sehen, alles wie weggefräst. Dem Galgo ist es anscheinend egal – und da ich nix sehe, was ihn beeinträchtig, ist es mir dann auch egal. Mein Ex murmelt was von „Was hab ich mir da bloß ins Haus geholt?", fängt an zu lachen und trollt sich wieder in die Küche.

Er nahm uns übrigens auch mal mit auf ein Treffen. Dolles Clubhaus (warum ich bei sowas immer an das Clubhaus von Micky Maus denken muss, weiß ich bis heute nicht. Nehmt es mir nicht übel, Jungs! Die Partys sind toll!), dolle böse Menschen in dollen Kutten. Alles schwarz gekleidet. Der Galgo ja auch. Ich nicht – ich trag lieber braun. Sieht hübscher aus an mir, finde ich. Ich werde von den dollen Menschen angestarrt…dieser Farbklecks, den ich so darstelle, mag nicht so ganz in das Gesamtbild passen. Mir egal, mein Ex drückt mir einen Whisky in die Hand und geht spielen. Der Galgo und ich gucken für Spaß mal versnobt in die Runde. Einer der Typen verwickelt mich in ein Gespräch – über den Hund, was sonst. Fragt ein paar Sachen, dreht sich ein wenig…und schaut mich an. „Wo ist denn der Garpunkt bei dem Vieh?" Ich bin verwirrt und (leicht betrunken) begreife den Witz nicht. Schnell versuch ich Blond zu spielen. „Ähhhhh……" „Puppe, dein komischer dünner Hund steht direkt am Kamin. Der ist gleich gar!" sprach es und giggelte vor sich hin. Der Galgo parkt tatsächlich gefährlich nah am Kamin, dreht sich um…und die lange Rute wischt einmal durch die glühenden Scheite. Der Hund brennt. Interessiert den aber nicht. Der wird erst schnell, als er von einer aufmerksamen Dame Whisky übern Poppes und Rute geschüttet bekommt. Es ist entrüstet und will heim, Nottermin beim Psychiater machen.

Während der halbe Saal sich über meinen komischen Hund kaputt lacht, bekommt der vom Grill ein riesen Stück Fleisch geschenkt – was den edlen Herrn besänftigt und zum Bleiben bewegt. Einer der ganz dollen Rocker macht ihm die Couch frei. Muss ich erwähnen, dass das blöde Kackvieh nicht mehr mit nach Hause wollte? Arschloch. Echt jetzt.

Die Ko-Evolution
des Arschlochs

Dass Hund und Mensch eine gewisse Form der Ko-Evolution durchgemacht haben, hat bereits der Herr Gansloßer festgestellt. Ich habe ihn bereits auf mehreren Vorträgen erleben dürfen und kann ihm in vielen Punkten, die mir selbst schon aufgefallen sind, nur Recht geben. Bei einigen Hundebesitzern sieht man nicht nur am Aussehen, dass sich Hund und Halter mit den Jahren ein wenig angeglichen haben. Sei es die Frisur, die Figur oder ein wenig die zu spaßige oder pessimistische Einstellung – man gleicht sich mit der Zeit ein halt an. Mal mehr, mal weniger direkt ersichtlich.

Ich beobachte immer häufiger bei mir selbst, dass sich mein Verhalten und teilweise sogar meine Charakterzüge den bei mir lebenden Tieren anpassen. Natürlich passen sich umgekehrt die Tiere auch mir an – man muss es nur sehen können. So ist der Gelenkbus doch sehr auf seine Nachtruhe bedacht und bewegt sich ab einer gewissen Uhrzeit auch nicht mehr von der Couch herunter. Die wäre ja ohne ihn auch sehr verloren. Ist ja auch nachts. Wenn wir schlafen, schlafen wir. Dann wird auch nichts anderes gemacht. Man braucht uns auch nicht wecken. Es ist völlig irrelevant, was passiert – seien es herabstürzende

Deckenlampen, Brände, Invasionen – Nacht ist Nacht, da wird geschlafen. Wenn wir draußen sind, geben wir Schub, Rakete! Wenn wir müssen. Und wenn die Stimmung passt. Das Wetter sollte auch zur Stimmung passen. Wenn uns etwas nicht so in den Kram passt, gucken wir schlecht gelaunt. Allerdings muss ich für mich sagen, dass ich genau dieses spezielle Verhalten vom Galgo gelernt habe. Wenn der Galgo Personal oder Gefolgschaft um sich hatte, die ihm nicht in den Kram gepasst hat, wurde sofort der „Hol-sofort-den-Psychiater"-Blick aufgesetzt. Je länger ich diesen Hund hatte – vorher hatte ich nur schnöde Gebrauchshunde um mich – desto mehr habe ich festgestellt, dass ich selbst diesen Blick sehr oft benutzte. Vorzugsweise in Discos. Wurde ich von jemandem angegraben, der überhaupt nicht in mein Beuteschema passte, wurden die Augen tellerminengroß, der Kopf leicht zurück genommen, starre Gesichtszüge setzten sofort ein. Die Telefonnummer der nächsten Not-Seelsorge war natürlich sofort am Mann. Dass der Galgo und ich uns da so ähnelten, fiel mir übrigens erst Jahre später auf. War ein Sofa nicht weich genug: Psychiater! Das kredenzte Essen war scheiße? Augen weit aufgerissen, die Gedanken schon in der Hotline von Amnesty International. Ich werde gequält! Man setzt mir Fraß vor!

Der Hund hat mich nicht nur da sehr geprägt. Windhundbesitzer kennen es vielleicht. Man möchte mit den Tölen in den Urlaub fahren. Die armen Knochensäcke werden ja so schon reichlich bemitleidet, alleine wegen ihres schrägen Aussehens. Nicht jeder normale Mensch kommt mit so einer Ladung geballter Rippen sofort klar. Wir haben uns als Windhund-Halter dran gewöhnt, dass die Viecher nicht nur ständig nach dem Psychiater rufen, nein – sie tun ja auch noch so, als ob sie niemals Essen gereicht bekämen. Obwohl man als Halter wirklich ALLES gibt – und den Hunden alles Menschenmögliche kredenzt, nur damit die Scheißviecher endlich mal ohne Naserümpfen ihren Napf leeren. Man möchte irgendwann mal Figur am Hund haben, um den Fragen „Füttern Sie den nicht?" ein wenig Einhalt zu gebieten.

Nun will man in den Urlaub fahren. Das Knochengerüst liegt gerne weich. Natürlich tut es dem eigenen Auge auch ganz gut, dieses optische Gepiekse weich liegen zu sehen. Dann hat man nämlich gleich weniger schlechtes Gewissen. Vor ungefähr zehn Jahren war es mit der Hunde-Industrie noch nicht so weit gegoren, dass es orthopädische Hundebetten gab. Auch Kaltschaum-Elastik-Latex mit Memory-Foam Gedönsrathausen war noch nicht am Markt. Was macht der geneigte Windhundhalter? Er steht vor seinem Auto, Menschengepäck ist in einer winzigen Reisetasche schon längst verstaut, die Dachbox des Autos ist mit einem Haufen Hundeartikel gefüllt, der Fußraum mit Hundedecken ausgekleidet, Futter, Leinen und sonstiger Kram wie Ersatzmäntel und Co. haben auch schon ihren Platz gefunden. Das Auto ist dicht bis oben hin.

Man steht nun verzweifelt vor dem Auto und wird von den Nachbarn beobachtet, wie man versucht, den Lieblingssessel des Hundes noch auf die Dachbox zu schnallen. Der Hund liegt da ja so gerne drin. Irgendwann kommt man zu dem Ergebnis, dass der Sessel auf der Dachbox keine 600 km Weg in den Urlaub überleben wird. Man nimmt von dem Plan wieder Abstand. Aber nur ein bisschen – das schlechte Gewissen fährt die ganzen 600 km mit. Um das Gewissen zu beruhigen, werden, zusätzlich zu dem schon im Auto befindlichen Deckenhaufen, noch ein paar extra Decken in die Karre gequetscht. Vielleicht auch noch die Ersatz-Hundematratze, wenn die noch passt. Alles nur, damit das blöde Vieh auch ja bequem liegt. Im Urlaub stellt man dann fest, dass die Arschloch-Töle sowieso im Bett liegt und alles vollhaart. Im besten Fall kotzt der Hund noch ein Mandala auf die Couch der Ferienwohnung – der Urlaub ist gerettet. Man kann wieder seinem Hobby nachgehen: Wohnungen enthaaren und Mandala-Kotze deuten.

Seit ich nun die Molosser bei mir habe, hat sich auch mein Verhalten ein wenig an diese eleganten Tiere angepasst. Manchmal stehe ich verzweifelt vor meinem Napf und überlege, ob ich das wirklich essen soll, was ich mir da hingestellt habe. Ich könnte mich ja mit einem Freud´schen Verkocher tatsächlich selbst umbringen wollen. Dann grinse ich und denke an den Rüden, wenn er vor dem Napf steht und überlegt, ob man das da wirklich essen kann. Im Alter ist er jetzt ein wenig vergesslich geworden – Napf und Essen ist hängengeblieben. Und seit der Kastration isst er sogar regelmäßig. Und nicht nur das: Auch in Diskussionen habe ich bereits bei mir einiges beobachtet, das der Rüde mir über die Jahre beigebracht hat. Kurz explodieren ist völlig legitim und sozial auch angebracht. Das Kugelfisch-Dingen kann ich inzwischen also auch. Genauso gut wie er. Böse wird es – bei mir sieht man es leider nicht so deutlich – wenn die Idiotenbürste kommt. Ich schweige dazu still, bürste auf und der Blick wird starr. Eindeutige Drohgebärden (leider ohne Rute, um diese wirklich deutlich zu übermitteln. Wichtig bei den ganzen Kommunikations-Honks, die inzwischen so unterwegs sind. Sind übrigens auch gern Blogger – was im normalen Leben schon nicht gekonnt wird, müssen sich ein paar wenige Follower dann auch noch lesend ins Gehirn pressen) folgen. Sache ist geritzt. Meist weiß mein Umfeld dann, dass es jetzt an der Zeit ist, mir aus großem Abstand ein paar Stücke Schokolade zuzuwerfen. Beim Kugelfisch – das sollte man ja wissen – reg ich mich einfach nur auf. Freunde schaffen Platz für eine Landebahn und der Drops ist gelutscht. Mit Motzi kam das Todesstern-Syndrom in mein Haus. Nicht nur, dass der Hund neben der Glitzerknete und einigen Murmeln einen Duracell-Hasen auf Voll-Speed in den Hirnwindungen der Schaltzentrale hat – nein, die Helene Fischer singende Sturmtrupp-Tussi hat ja bekanntlich einen Eimer LSD zur Geburt bekommen.

Ähnlich sieht mein Hirn morgens aus. Nur ohne den Speed. Der kommt im Laufe des Tages. Motzi ist grundsätzlich immer sofort auf Sendung – ich brauch doch etwas länger. Da hat der Gelenkbus ganze Arbeit geleistet. Der wartet nämlich immer bis zu dem Punkt, wo man tatsächlich reagieren muss. Keine Sekunde vorher.

Im Laufe des Tages bin ich allerdings genauso hektisch wie Motzi. Ich habe immer was zu tun, ständig purzeln die Murmeln aus den Ohren und tolle Ideen hab ich übrigens auch immer. Ruhig bin ich nur im Auto – oder beim Essen. Auch immer wieder beliebt (und dafür hasse ich den Hund langsam) ist mitten in einer Handlung zu vergessen, was ich machen wollte. Ich verwirre mich selbst dann noch mehr, um am Schluss ernsthaft zu überlegen, wie mein Name ist.

Auch beim Arbeiten sind der Todesstern und ich uns völlig gleich. Wenn wir einmal angesetzt haben, gibt es kein Halten mehr. Wie ein Bluthund auf Spur wird gearbeitet – aber mit Full Speed. Und zwar das, was von uns verlangt wird. Meistens. Manchmal kommt uns die Idee, dass die Aufgabe anders eigentlich hübscher wäre und ändern hier und da was ab. Aber wir kommen immer zum Ergebnis. Und das in Schallgeschwindigkeit. Um dann, leicht debil aus der Schädeldecke grinsend, auf die Couch zu fallen, um gekrault werden zu wollen. Natürlich in totaler Tussi-Entspannungshaltung.

Wie die geht, wisst ihr selbst, oder?

Experte 2.0

Arschlochhunde zu besitzen ist ein bisschen wie ein Mitarbeiter im Baumarkt zu sein. Spätestens, wenn ein augenscheinlich schräger Kunde auftaucht, möchte man gerne ganz schnell fliehen oder unsichtbar sein. Die netten oder halbwegs mit ihrem eigenen Kram Beschäftigten, die einfach nur eine Info haben wollen, schreien auf dreißig Meter Entfernung „Wo ist denn…?", geben sich auch mit der kurz gehaltenen Antwort zufrieden und rauschen von dannen. So, wie Arschlochhunde-Besitzer sich beim Spazieren gehen begegnen. Über Distanz wird sich was entgegengebrüllt, Distanz gehalten – und gut ist. Wird einfach akzeptiert, dass da Kugelfische und Knetmasse in massivem Glitzer an der Leine hängen, die gerade versuchen, die Haifischzahnreihe dem Gegenüber entgegen zu schleudern weil…ja, weil.

Vor einigen Wochen war ich – noch im alten Wohngefilde – mit den beiden Arschlöchern unterwegs. Einige Wege hatte ich mir schon länger abgewöhnt, weil die mir einfach und ehrlich gesagt zu stressig waren. Übrigens genau wie Innenstädte oder Versammlungen, sowas besuche ich mit dem Todesstern schon mal gar nicht. Für die ist das wie ein Ausflug allein ohne Wächter als Mordorbewohner im Auenland. Oder umgekehrt, je nach Stimmung. So schleicht man sich über die im Hirn als halbwegs safe markierten Spazierwege. Keine Häuser mit Gärten, wo territorial engagierte Hunde an den Zaun geflogen kommen und man von den eigenen Arschlöchern mal kurz aufs Kreuz gelegt wird. Natürlich zur Freude der Bewohner, die haben dann nämlich wieder was zu lästern. Die mit den irren Kötern wieder, siehste Uschi…Mann, Mann, die hat die ja gar nicht im Griff. Wir sollten das melden. (Mal nur am Rande – ich weiß inzwischen nicht, wie oft ich irgendwo gemeldet wurde. Die Gründe variierten zwischen „füttert nicht, hat den Hund angeschrien, hat dem Hund die Backen lang gemacht, die Hunde haben die über den Haufen gerannt" und ähnlich wertvollen Gedanken mancher Mitmenschen. Da ich bei den meisten Vet-Ämtern und sonstigen Zuständigen gut bekannt bin, bekomme ich das inzwischen noch nicht mal mehr mitgeteilt. Ich glaube, die sammeln die lustigsten Anzeigen und geben irgendwann ein Buch heraus.)

Wir trotteln also unseres Weges, der Gelenkbus hat nen super Tag und will die Welt beherrschen. Alles, was falsch in unsere Richtung guckt, wird als potentiell angreifbar eingestuft. Gucken die nicht, werden die deswegen als angreifbar eingestuft. Der Todesstern ist damit beschäftigt, die Glitzer-Knete aus den Ohren ins Hirn zu befördern, damit sie sich in nem unbedachten Moment auf die Hasen stürzen kann, die sich in der Wiese verstecken. Uns kommt auf dem Weg ein Pärchen entgegen. Mit einem süßen, mittelgroßen Wuschelding. Hört bestimmt super und ist noch niemals nicht böse gewesen, in der Hundeschule der Streber schlechthin und sowieso Gottes Geschenk an die Menschheit. Das Wuscheldingen sieht die Arschlöcher, die Rute rastet auf „ALTAAA" ein und das Dingen beginnt unter der Masse an Flokati sämtliche Drohgebärden abzuspulen, die es so drauf hat. Das Pärchen lächelt glücklich und lässt der Flexileine vollen Lauf. Ich werde steif. Der Todesstern plöppt hörbar auf volle Größe auf und der Gelenkbus riecht endlich den Ärger, den er haben will. Idiotenbürste raus, tief eingeatmet und Gehörgänge frei. Die Murmeln in seinem Kopf rollen hörbar in den Verdauungstrakt und bereiten sich auf eine Mahlzeit mit viel Haaren vor.

Mein kurz gebrülltes „Meine haben Pilz!" wird von dem Pärchen als Aufforderung zum Spielen bewertet. „Unserer ist geimpft!" Oha, Idiotenpublikum. Da hat man Bock drauf. Hundert Kilo Assi an der Leine, selbst nicht so ganz auf der geistigen Höhe und als End-Gegner Minderbehirnte   Uschi samt Töle und Flexileine.

Während ich versuche, die Gefahrenstelle großräumig mit den inzwischen voll auf Krawall gebürsteten Arschlöchern zu umgehen, höre ich die Uschi tuscheln. „Wieder so eine, siehste, Horst? Wäre die in UNSERER Hundeschule…Die armen Hunde. Keine Erziehung." Bevor ich mich aufregen kann, hat diesmal der Gelenkbus beschlossen, dem Ganzen ein schnelles Ende zu setzen. Aus dem Augenwinkel sehe ich, wie das Heck runtergeht, Brust auf ganze Pracht aufgebläht und er versucht, in seiner zierlichen Eleganz einen Kaltstart hinzulegen. Reflexartig schießt mein Bein vor, der Rüde bekommt es in der Startphase volle Möhre vor die Brust und wird tatsächlich so weit gebremst, dass ich die Leine am Arm noch auf „Würgen in ein Meter Höhe" bekomme.

DIE HAT IHREN HUND GETRETEN!!! HORST! RUF DEN TIERSCHUTZ! VETAMT! Eine Hass-Tirade ergießt sich über mich, während ich beide Hunde auf den Boden nagele. Der Todesstern will mitmachen und dreht sich mit Krokodilrollen an der Leine, um irgendwie an den Flokati an der Flex zu kommen. Der Gelenkbus ist damit beschäftigt, die Passagiere im Inneren wieder auf die Plätze zu bekommen und schreit dabei auch aus Leibeskräften mit. Der Flokati fühlt sich an der Flexi super sicher und zeigt meinen Arschlöchern alle vier Mittelkrallen, provoziert auf maximale Flexileinendistanz kurz vor uns fröhlich weiter. Mir reichts. Ein Schrei, alle Hasen, Spaziergänger, der Flokati und meine Arschlöcher halten schlagartig inne und starren mich an. Uschi und Horst interessiert das nicht, die schreien mich weiter an und geben mir Erziehungstipps. Mein Wutpegel ist im nicht mehr messbaren Bereich und würde in dem Moment sogar Darth Vader zur Ehrfurcht bringen. Die dunkle Seite in mir befiehlt, die Uschi zu skalpieren und den Skalp deutlich sichtbar am Zaun des Weges als Exempel zu statuieren. Meine Erziehung kommt erstaunlicherweise dazwischen. Ich atme tief durch, brülle meine Idioten ins Platz und schaue hoch. Mein Angebot, meinen Rüden zusammen mit dem Flokati sauber und ohne Vorfälle jetzt direkt als gutes Beispiel für mich auf dem Weg vorzuführen, bringt die Uschi dazu, ihr Handy zu zücken. Nervös zitternd teilt sie mir mit, jetzt das Ordnungsamt zu rufen. MACH ET! – entfleucht mir noch – und dann sehe ich eine Nachbarin mit ihrem Hund auf uns zukommen. Den Hund hatte der Gelenkbus mal zwischen – ohne Zähne. Der Hund wartet in königlichem Abstand, die Nachbarin kommt zu mir. Was denn wäre, fragt sie feist grinsend. „Die Herrschaften wollen mich beim Ordnungsamt anzeigen. Weil." antworte ich. Meine Nachbarin geht auf die beiden zu, stellt sich als Zuständige für die Einhaltung des Landeshundegesetzes der Stadt XY vor (was im Übrigen stimmt) und klärt Uschi und Horst darüber auf, dass ich wohl die einzige Person wäre, die ihre Hunde in absolut jeder Situation adäquat im Griff hätte und wo denn ihr Problem sei. Übrigens hätte der Flokati keine Steuermarke um und sie will wissen, wo der gemeldet ist.

Dankbar grinse ich in mich hinein, zerre meine Arschlöcher weiter. Wir beenden den Spaziergang mit unterschiedlichen Emotionen. Der Gelenkbus ist sauer, weil der kein Gewöll fressen durfte. Der Todesstern ist sauer, weil die Hasen sauer sind. Und ich grinse, weil ich einige fähige Leute in Behörden kenne.

Abendessen zu viert. Exkurs: Wie ich ein Date vorbereite

Es ist später Nachmittag. Ich bin aufgeregt. Date kommt zum Essen. Ist ja schon selten genug, dass ich überhaupt einwillige, dass jemand bei mir rein darf – und derjenige sich dann auch noch traut. Stellt euch das ein bisschen wie „Du kannst nicht vorbeiiiiii!" bei Herr der Ringe vor.

Ich habe alles fertig. Ente, Beilage, Kuchen, Kekse. Burgundersauce, Appetizer…irgendwas vergessen? Ach ja. Motzi vom Tisch pflücken. Angekaute Kerzen neu aufstellen, der Todesstern wollte wohl nachladen. Wachsreste wegsaugen, wischen. Am Kühlschrank vorbei und feststellen, dass Fritz sich nach dem Auftanken am Wassernapf mit ca. 10 Litern Wasser vollgesogen hat und vor dem Zweimeter-Edelstahldingen geschüttelt haben muss. Kühlschrank putzen. Motz davon abhalten, den Kuchen zu klauen. Dabei feststellen, dass Fritz bequem die Häppchen erreichen kann. Nochmal wischen. Tischdecke von Sabberfäden befreien. Feststellen, dass das Date gleich da sein müsste. Ich bin weder geschminkt noch habe ich mir ein anderes Oberteil angezogen. Die Zuhause-Wollsocken strotzen vor Gelenkbus-Haaren. Neue Bestzeit im Badezimmer, beim Socken ausziehen durch das Ankleidezimmer und Klamotten gewechselt.

Es schellt. Motzi bellt und schluckt ein Häppchen schnell runter. Ab 100 Gramm wird die nämlich undeutlich. Fritz sabbert. Muss der durch.

Abendessen zu viert. Exkurs II: Belastungstest für die Arschlöcher

Das Date ist da. Er hat einen Hund. Tutnix. Behauptet er von sich auch. Aus reiner Vorsicht habe ich gebeten, Tutnix erst mal in eigenen Räumlichkeiten zu lassen. Meine hauseigenen Raffnix und Checknix sind in der Wohnung nämlich nicht nur territorial – die wohnen hier, der Sauerstoff gehört nur der Familie und mal eben einfach was Neues reinlassen, geht mal gar nicht. Typisch Corso halt. Da unterscheiden die sich vom Italiener an sich doch sehr stark. Wem jetzt die Brücke fehlt: Meine zwei sind Cane Corso Italiano. Meistens benehmen die sich auch wie der Klischee-Italiener – kann durchaus äußerst anstrengend sein. Draußen wird laut lamentierend über die Straße flaniert, geilen Hundeärschen nachgestarrt, Goldkettchen gerade gerückt und man versucht, den eigenen IQ und das Aussehen als exorbitant und nicht übertrumpfbar aussehen zu lassen. Gilt für Rüden wie Hündinnen, übrigens. Mit leichten Differenzen. Man mag das Dolce Vita, Essen und Gesang. Die Hunde sind aber auch exorbitant gut in der Arbeit (was bei manchen Menschen dann eher nicht der Fall ist). WENN man die denn vom Quasseln, Repräsentieren und schick Rumliegen weg bekommt. Tutnix hat schon die ersten Belastungstests bestanden, jetzt geht es ins Detail. Man möchte sich näher kennenlernen. Das hab ich versucht, den Arschlöchern zu erklären – mit zweifelhaftem Erfolg.

Im Flur geht noch alles gesittet vonstatten, da sind die noch gar nicht dabei, weil ich den Flachpfeifen eingebläut habe, dass das mein Revier ist und ich entscheide, wer da reinkommt und weiter atmen darf. Als es in den Wohnbereich geht, läuft also der Hoch-Belastungstest. Mein Proband „Tutnix" zeigt sich entspannt. Auch als Fritz ihm eine Schleimspur auf die Klamotten zaubert, die einer Schneckenautobahn ähnelt. Man kann es positiv sehen: Ich kann mit dem Sabber-Handtuch einen ersten Teil-Körpercheck durchführen. Tutnix ist irritiert. Das wird von mir selbstverständlich registriert – und Uschi registriert, dass ich was registriert habe. Plöpp: Kugelfisch. Brummen. Tutnix umspielt das Ganze galant mit einem etwas zu lauten „OH RIECHT DAS LECKER!". Der Todesstern wird von mir weg geschickt. Allerdings ist es echt schwierig für sie, auf geradem Kurs wegzugehen. Schon mal versucht, so einen riesen Sternenkreuzer mit komplett ausgefahrener Bewaffnung zu drehen, Frauchen?? Hä??? Ich piekse ihr kurz in die Seite. Luft rauslassen. Pffffft….Und schon geht das mit dem Drehen und man verpisst sich. Zumindest einen halben Meter. Später, bei Essen und Unterhaltung, muss ich feststellen, dass Tutnix zwar echt sweet ist, aber leider einigen Kriterien (ey, ich werde nicht jünger, Leute. Und ich bin in meiner Situation nicht gerade unglücklich. Wenn da jemand mitspielen will, muss schon die Liste mit „Do" einige Haken mit „den Anforderungen entsprechend" aufweisen. Von Anlage Todesstern und Gelenkbus sprech ich mal erst gar nicht, ne?) stark unterschreitet. Ich taste mich im Gespräch langsam an die Belastungsgrenze in Sachen Ironie, Humor und (Tadaaaaa!) TIERSCHUTZ von Tutnix heran. DAS Thema. Uschi und Fritz sind voll dabei. Das Knie von Tutnix ist inzwischen durchgesabbert. Er hält tapfer die Stellung.

„Wenn ich beim Spazieren gehen unterwegs bin, läuft mein (Tutnix) Hund immer frei. Der soll sich ja wohl fühlen. Ist manchmal blöd mit so komischen Hunden, die einem entgegen kommen. Da sind dann meist so unentspannte Weiber dabei, die wild rumbrüllen. Aber die Hunde regeln das doch unter sich, nicht wahr? Da passiert schon nix. Meiner ist ja immer lieb." Ich kenne den Hund noch nicht, aber in meinem krausen Schädel läuft grad der Hauptfilm an. Todesstern und Gelenkbus – mit Weber-Gesichtsgrill – treffen erstmalig auf Tutnix. Der ist weder lieb noch weiß der, was Distanz oder ähnlich unwichtige Dinge bedeuten und knallt mit geballten 15 kg in meine Sturmtruppe. Halter von Tutnix (und somit gerade mein Date) klatscht freudig in die Hände, weil die Hunde so schön spielen wollen und lässt vor Begeisterung fast die Flexi fallen. Ich googele, wie lange so ein 15 kg-Tutnix meine Hunde ernähren könnte. In Teilen. Die Ohren mit Fell sollen ja recht nahrhaft sein.

An diesem Punkt im Hauptfilm angekommen, versteife ich leicht am Date-Dinner-Tisch. Die Unterhaltung plätschert vor sich hin, Date bekommt den internen Vermerk „HORST" und wird in der Kategorie „nur Kino oder Essen. Niemals auf Hunde treffen lassen. Niemals weiter als Wohnzimmer" abgelegt.

Ganz nett, aber halt nicht meins. Ich sage auch nix mehr, als ich aus dem Augenwinkel sehe, wie der Nachtisch in der Ladeluke vom Todesstern lautlos verschwindet. Der Gelenkbus hat Sabber-Mangel und geht tanken. Zuverlässig wie er ist, schüttelt er sich, neu aufgeladen, direkt neben Tutnix-Horst. Ein Sabberfaden landet direkt im Auge. Horst heult fast. Die Hunde und ich starren uns an. Zeit zu gehen. Wir müssen früh raus, Welt retten.

War ein unterhaltsamer Abend. Alle haben gut gegessen und auch was gelernt. Horst bestimmt auch.

Quoten-Tutnix

Gefunden. Endlich. Ich dachte schon, dass wir im Arschloch-Paradies wohnen. Mit gesitteten Hundehaltern, die ihre Tölen einfach an die Leine nehmen, wenn andere (wir) angeleinte Hunde auftauchen. Mitnichten – die Quote ist soeben erfüllt worden.

Es stürmt. Und regnet. Wir mögen das. Von Haus aus, rein genetisch, bin ich Friese. Friesen sind mit Sturm total zufrieden und glücklich. Die können damit um. Und da ich das schon immer ausgestrahlt habe, finden meine Arschlöcher Sturm auch geil. Bestes Beatmungswetter für den Gelenkbus, und Uschi versucht, schneller als der Wind zu sein. So gut gelaunt ziehen wir heut Morgen los. Ab aufs Feld, mit dem fröhlichen Gedanken und Wunsch, dass keiner außer uns das Wetter mag und die Wege leer sein mögen. Sind sie auch, anfangs. Todesstern und Gelenkbus dürfen im Vorhang-Regen auf der gefluteten Wiese kurz spielen. Ich bin glücklich, weil die Krampen glücklich sind. Der Wind schleudert bei allen die Glitzerknete ordentlich an die Schädeldecke und der geneigte Betrachter könnte zum Schluss kommen, dass wir alle Eichhörnchen auf Drogen sind. Muss so ähnlich aussehen.

Seitenblick. Auf dem Hügel, wo ich stehe und die beiden lieblichen Elfen Panzer spielen, habe ich super Sicht auf alles, was kommen könnte. Ich sehe am Weg eine Frau mit – OHA – unangeleintem Hund. Da bei dem Wind ein Kommando auch mal verhallen kann, rufe ich die beiden Schlachtschiffe zurück. Klappt sogar beim dritten Mal, die sind nur schmollig, weil sie nicht mehr weiter in der Matsche spielen dürfen. Die Frau kommt erstaunlich schnell näher – der Hund von ihr immer noch fröhlich vorneweg, reichlich Abstand zum Frauchen. Diese macht nicht die geringsten Anstalten, diesen Umstand zu ändern. An der Körperhaltung der Frau sehe ich dummerweise, dass sie es auch nicht tun wird. Eine Tutnix-Halterin. Der Tutnix hat uns auch auf dem Radar und läuft in klassischem steifen Gang posend auf uns zu. Ich hoffe das Beste, alle sind angeschnallt und meine BDSM-Künste sind heute voll entfaltet. An der Gabelung nehme ich den Weg weg von Tutnix, der inzwischen auf 20 m näher gekommen ist. Kritische Distanz. Tutnix-Frauchen macht wie erwartet – nichts. Ich beschließe, mich runter zu fahren (hahahaaaaaa...ha.) und einfach weiterzulaufen. Rücken zum Tutnix. Todesstern und Gelenkbus rechts und links, laufen mit. Ohne umdrehen. Leise regt sich die Hoffnung, dass wir einfach weiterlaufen können. Mit quietschenden Pfoten hält der Gelenkbus an. Anker. Umdrehen. Der Tutnix, irgendwas Graues von ca. 25 kg (also leichte Mittelklasse) steht und starrt. Todesstern dreht sich um – starrt. Ich stelle mich vor die beiden, schreie Tutnix mit „AAAAABB!!!" an. Bei vielen Hunden hilft das, weil die meist niemals nicht ein böses Wort zu hören bekommen. Den schockt das aber nicht, der starrt und kommt näher.

Prima. Kann ich grade noch denken. Leinen nass und rutschig, ich habe versäumt, mir alles viermal um die Hand zu wickeln. Der Gelenkbus lässt den V6 aufjaulen und schmeißt Allrad an. Der Weg ist scheiße rutschig und völlig durchweicht, ich versuche Halt zu finden und vergesse, die Bondage-Leine vom Todesstern richtig um die Faust zu wickeln. Da der Gelenkbus völlig immun gegen „Leinenruck" und „Du darfst dem nicht so am Halsband ziehen" ist, werde ich mit gefühlten 40 Sachen beschleunigt. Ich kann mich grade halten, allerdings surfe ich auf den (Gottseidank!) Wanderschuhen Marke Salomon „Grip" mit mittelmäßigen Haltungsnoten hinter dem Gelenkbus her. Was der Todesstern grad macht, sehe ich nicht. Hinter mir. Während ich versuche, nicht auf die Fresse zu fallen, hat der Gelenkbus noch mehr Fahrt aufgenommen und zieht mich an seinem Halb-Würger-Halsband unbeeindruckt hinter sich her. Ich surfe weiter, auf einmal….Todesstern. Links vom Gelenkbus beschleunigt, kann ich die Leine nicht mehr ranziehen, verheddere mich und…verliere die Leine. Ein lauter Knall ertönt – Todesstern hat die Schallmauer durchbrochen und fliegt auf den Tutnix zu. Den Gelenkbus kriege ich mit einem Fuß zum Bremsen. Im Surfen zwischen die Hinterbeine gelange ich mit den Beinen, wozu sind die schließlich so lang bei mir. Praktisch. Gelenkbus steht, zieht aber weiter. Ich sehe den Todesstern kurz vorm Aufprall am Tutnix und befürchte das Allerschlimmste. Aber oha, der Tutnix weicht leicht aus, sichtlich beeindruckt und der Todesstern belohnt dieses Alternativverhalten mit einer Scheinattacke und läuft aus. Ich hab Puls. Aber richtig.

Das Tutnix-Frauchen schaut sich alles seelenruhig an. Ihrer tut ja nix, ne? Dass meine ohne Probleme ihren Hund – bei entsprechender Situation – in mundgerechte Happen zerlegen könnten, ist nicht präsent in ihrem Hirn. Auch nicht, dass die es tun würden. In meinem Hirn existiert das aber. Ich habe Verantwortung und die ist mir bewusst (sonst wären die ja nicht an der Leine gewesen, ne?)

Ich schreie (gegen den Wind. Mach das mal) USCHIIIIIIIIIIII IIIIIIIIIIIIIIIIIII! Tonlage eindeutig. Findet der Todesstern auch. Guckt, kommt zurück gepflastert und steht vor mir. Das überfordert mich für eine kurze Sekunde. Hallo, die hat grade einen super Kampf im Matsch für mich sausen lassen. STRIKE!!!

Also kann ich Uschi an die Leine nehmen und meinen Zorn auf die Tutnix-Halterin richten. Was sie denn meinen würde, WARUM die Hunde an der Leine sind? Das Bild muss fantastisch gewesen sein. Ein Meter neunzig mit wehenden roten Haaren, wütend brüllend, mit zwei Deppen-Corsos an der Leine, rechts und links drapiert, steht auf nem Hügel im Regen.

Hat die dann bewogen, zumindest so zu tun, als ob es sie interessiert, ob ihr Hund gleich noch atmet oder nicht. Mehr kann ich nicht sagen, ich hab mich umgedreht und bin gegangen. Meine Tölen hab ich gelobt. Aus ganzem, ehrlichen Herzen. Gestreichelt und in den höchsten Tönen als beste Arschlöcher der Welt, mitten im Sturm und Regen in der Matsche, lieb gehabt. So wie ich sie nun mal liebe. Beide haben mich verständnisvoll angesehen – und mir gezeigt, dass wir einfach ein Team geworden sind. Mit Ecken und Kanten, aber ein Team. Da passt kein Millimeterpapier zwischen.

Höchstens mal ein Tutnix, aber dem erklären wir das auch noch.

Und täglich grüßt das Arschlochtier II

Ein perfekter Arschlochhundhalter-Morgen fängt ja eigentlich gerne mal ereignislos an. Wenn er denn perfekt ist. Gern hätte man das mal am Wochenende. Einfach wach werden, die Wohnung steht noch, keine Dinge liegen „aus Versehen explodiert" in der Wohnung und im besten Fall schläft die hauseigene Nachzucht auch noch. Traumwelten.

An einem Tag am Wochenende kann ich ausschlafen. Diesen Tag kreuzen sich die Tölen gerne dick und rot im Ereigniskalender an und schnitzen sich noch zusätzlich eine Erinnerung in ihr Körbchen (was meist eh nur zu Dekozwecken und meiner Beruhigung in der Wohnung steht. Das große Körbchen, wo ich ab und an mal drauf liegen darf – die Couch – ist natürlich viel weicher, toller und vor allem: Weltherrschaft. Wisst ihr ja, ne?).

So war es dann Samstag. Normalerweise stehe ich um vier Uhr auf, da ist jede Stunde länger schlafen Luxus, aber sowas von. Der Gelenkbus findet das höchst tierschutzrelevant, bringt aber nix, den kratze ich auch um fünf mit einem hässlichen Klettgeräusch vom Sofa. In der Woche halt. Am vergangenen Samstag wollte ich es endlich mal wahr machen und mir notfalls die Augen zutackern. ICH kann ausschlafen! Und ich werde es tun!

173

Abends die Körbchen auf versteckte Zeichen abgesucht, extra spät (haha. Merkt man was? Ich bleibe länger auf, damit ich länger schlafen kann. So verarscht man sich prima selbst) mit den Viechern nachts zur Pipiwiese in den berühmten Birkenstocks geschluppt. Im strömenden Regen. Mit einem schmollenden Gelenkbus und einer völlig verpennten Uschi, die um diese Uhrzeit nun mal nicht für Todesstern bezahlt wird. Steht im Vertrag.

Irgendwann um sechs Uhr nehme ich Krallengeräusche im Wohnzimmer wahr. Der Todesstern liegt wie vierzig Tonnen Gestein auf meiner Bettdecke. Der Könich ist wach. Kann eigentlich schon nur scheiße sein. Er läuft übers Parkett, dass man denken könnte, der hätte Freddy-Krüger-Gedächtnis-Krallen. TACK TACK TACK....TACK. Nix. TACK TACK TACK....TACK? Ich sorge mich um meinen Schlaf (Tacker bereits in der Hand) und pflaume ins Wohnzimmer. RÜDE! Geh pennen! TACK tack tack...Tack? Tacktack? Ich rolle aus dem Bett. Wie immer mit der Eleganz eines toten Wiesels. Kann ich morgens sehr gut. Der Gelenkbus parkt quer vorm Wassernapf. Guckt mich an, als ob er grade von einem dreiwöchigen Aufenthalt in der Sahara kommt. Man hat Durst. Und da der Gelenkbus schon acht Jahre mit mir verbringen muss, weiß der haargenau, dass ich bei diesen fiesen Krallengeräuschen steil im Kopfkissen stehe. Sonst werde ich kaum wach.

Also fülle ich den Dreißiglitertank auf, gieße mir davon mindestens einen Liter beim In–die-Badewannenhalterung-stopfen des riesen Napfes über die Füße. Ich belohne mich selbst mit Alternativverhalten und schreie nicht, sondern mache mir den

Fuß am Gelenkbus trocken. Er wollte ja Wasser, der Könich. Aus dem Schlafzimmer hüpft der Todesstern elegant über das hohe Fußteil meines Eisenbettes und klatscht mit einem lieblichen Donnern auf dem Parkett auf. Prima, Weckservice für die Nachbarn unter uns. Die schließen mich also heute in ihre Morgengebete ein. Ein kurzer Blick in meine innere Blackbox sagt mir, dass ich noch müde bin und gehe wieder ins Bett. Der Todesstern ist verwirrt und rennt brummend mit nem riesigen Kuscheltier im Maul verwirrt durch die Wohnung. Tacktacktacktack.....RUHE! Stille. Eine Sekunde. Tacktacktack....Das Vieh springt zurück ins Bett. Ich schleudere durch den Aufprall fast an der Seite raus, kann mich aber noch so eben mit dem Kopf am Marmor-Nachttisch bremsen. Genau so bleibe ich liegen und schlafe wieder ein.

Eine Stunde später werde ich wach, den Blick halb auf den Boden gerichtet. Mandala-Kotze. Dahinter der Gelenkbus, der „Tschulljung!" guckt. Die Kotze sieht aus wie ein Waschbär nach vier Litern Whisky. Vielleicht ist es auch eine Wolke. Der Todesstern beschließt, den Tag anzugehen und rollt die Murmeln im Kopf aus den Ohren, ich sehe die Glitzerknete leuchten und weiß genau, dass egal, was ich jetzt sage, passiert, was passieren wird. Motzi will spielen, springt aus dem Bett Richtung Gelenkbus, landet in der Mandala-Kotze und rutscht. Ein Meter später will die vor vier Wochen gestrichene weiße Wand auch mitspielen. Der Todesstern stößt sich im Rutschen mit einer ungeahnten Eleganz ab. Ich beschließe, die Mandala-Kotze-Pfotenabdrücke rahmen zu lassen und stehe endgültig auf.

Es ist kurz nach sieben, ich habe ausgeschlafen. Fast.

Scheiß die Wand an

Vor vielen Jahren war ich mit meinen Eltern am Bodensee im Urlaub. Ich mag die Gegend dort sehr gern, alles hübsch und die Berge sowie der See an sich sind wirklich toll. Damals lebte His Gomezness, der Galgo, noch. Es war September und wir hatten geplant, meinen Geburtstag im kleinen Kreis dort zu feiern.

Ein paar Tage waren wir vor Ort und hatten natürlich auch schon einiges erlebt. So hatte der Galgo in einem Anfall von Hirnausfall versucht, den wirklich netten Malinois eines Polizisten zu frühstücken. Der stand da halt nicht richtig rum, sah scheiße aus und musste laut Galgo dort entfernt werden. Die fassungslosen Blicke (vom Mali und vom Polizisten) möchte ich hier aus Pietätsgründen nicht erwähnen. Auch nicht, dass ich mich in Grund und Boden geschämt habe, weil ein Windhund mit sagenhaften 72 cm Schulterhöhe und geballten 28 kg wie ein (dachte er) Berserker brüllend auf einmal auf einen Ordnungshüter los ist. Mal rasch, aus dem Lameng heraus. An dem Tag waren die Rosenohren wirklich nur zum Zweck der Luftmassen-Bremse am Kopf des Pinzetten-Nasen-Schädels befestigt. Und damit die Knetmännchen bei ihrer wilden Koks-Party nicht aus dem Schädel-Partyraum fallen. Man kann sich übrigens prima mit einem knallroten Kopf bei Polizisten entschuldigen, während man den schreienden Windhund mit einem Blatt Papier in Schach hält.

Mir ist auch nur kurz darauf ein wenig die Hutschnur geplatzt. Mein wenig hörbares Brüllen, welches Hunde im Umkreis von ca. einem Kilometer ins Kommando Freeze gebracht hat, führte beim Galgo nur dazu, dass er noch hysterischer wurde. Selbst unter Androhung schwerster Misshandlungen, einem Rückticket nach Spanien und mindestens vier Jahren hartem Stuhlgang, hat sich der Knochensack nicht beruhigen lassen. Also musste die Geheimwaffe her: ans Ohr fassen. Das ging nämlich gar nicht. Obwohl ich mindestens zehn Tierärzte durchhatte, um Krankheiten auszuschließen, schrie der Galgo immer Zeter und Mordio, wenn ich ihm ans Ohr gefasst habe. Gedacht – getan und der blöde Windbeutel schreit wie ein Kastrat. Halt, er war ja einer. Also, er schrie weil Ohr. Der Polizist guckt mich mit zu Stadion-Flutlichtern aufgerissenen Augen an, der Mali möchte nicht mit der Situation in Verbindung gebracht werden. Sowas Dünnes will der nicht beißen, geschweige denn apportieren. Umhusten wäre eine Alternative, schickt sich aber nicht für nen Dienst-Mali. Der Galgo hat zu Ende geschrien und lässt sich fallen. Das habe ich davon, so als Arschloch-Besitzerin. Ich habe den Hund mit einem gezielten Griff ans Ohr umgebracht.

„Fehlt dem was?" fragt der (auch noch scheiße gut aussehende) Polizist. „Ja. Hirn." Ich bin sauer. Meine Eltern biegen um die Ecke, Papa erkennt, dass der Köter wieder alles gegeben hat und reißt schnell den Kofferraum des Autos auf. Ich scheuche die verstreuten, den Psychiater wollenden, Knochenreste in den Wagen. Schönen Tag wünsche ich dem Polizisten auch noch, der Mali schaut sich intensiv die Struktur seiner Krallen an. Mein Papa zieht es vor, den Familiendackel wortlos hinter dem Knochengedöns im Kofferraum verschwinden zu lassen und schubst mich Richtung Auto.

„Du wolltest so nen komischen Hund. Ach und der hat dem Dackel schon wieder alles weggefressen. Bulimie hat der aber nicht, oder?"

Einige Tage nach dem Mali-Zwischenfall. Mein Geburtstag. Der Tag begann wirklich wundervoll mit einem langen Spaziergang durch die Obstwiesen, wo der Galgo nach Herzenslust im Vollspeed vor diese niedlichen, kleinen Apfelbäume rennen konnte. Ohne Verlust irgendwelcher Zähne, was mich natürlich ziemlich freute. Dafür mit ein bisschen mehr Luft im Hirn. His Gomezness wollte dem Dackel nämlich die ganze Zeit beweisen, wie viel toller er nämlich ist als so ein schnöder kack Rauhaardackel. Und immer, wenn er mit der absolut filigranen Eleganz eines abstürzenden Versorgungsflugzeuges irgendwo vor geflogen ist, starrte der Dackel mich an. Ich starrte natürlich immer zurück. Im verschwommenen Hintergrundbild zu unserem Blicke töten für Arme rappelte sich der Galgo von einem erneuten Aufprall in ca. zwei Kilo Äpfeln (noch am Baum hängend) wieder auf, sortierte alle Rippen neu und machte einfach weiter. Es muss ziemlich geil sein, in der internen Blackbox im Kopf nur Murmeln zu haben. Scheppert den ganzen Tag wie in ner Klangschale, man ist ständig ausgeOOOMMMt und hat kein einziges Problem. Das würde von den kullernden Kugeln ja ständig umgerollt werden. Debil grinsend schoss der Galgo also über die Wiese. Wenn er eine Maus (gelegentlich sollen die das ja können) in der Nase hatte, blieb der ruckartig stehen. Rosenohren auf Seh-mal-total-bescheuert-aus, ein Pommespieker in die Höhe und einen Vorstehhund nachgemacht. Kurz drauf wie ein Karate-Kid hochspringen und Dingo spielen: Einen Vorderlauf eng angewinkelt, Murmeln im Kopf kurz festhalten, gezielter Tritt mit den Stöckelkrallen in den Mäusebau. Buddeln.

Das holt natürlich auch den Dackel auf den Plan. Bau ist ja sein genetisches Gebiet. Das braucht man nicht lernen, das hat man in den krummen Beinen. Der Pralinenbomber walzt sich durchs Gras und holt, kaum beim im Buddel-Wahn befindlichen Galgo angekommen, denselben von den dürren Beinchen, indem er mit seinen geballten 15 kg einfach reinrennt. Das ist ein Job für nen Deutschen Dackel, du Spanier. Geh Wein saufen oder dir das Genick beim Rennen brechen. Ich bin Ingenieur für sowas. So.

Zurück im Ferienhaus, gibt es ein nettes Geburtstagsfrühstück. Mit Blumen. Auf dem Tisch, nicht zum Essen. Ich liebe Blumen. Und die selbst gemachte Leberwurst vom Metzger aus dem Dorf. Die hat Papa extra noch geholt, der Gute. Ich wusste allerdings nicht, wie sehr ich diese Wurst am Ende des Tages verteufeln würde.

Die Köter kriegen auch Frühstück und dann fahren wir los, nach Österreich. Erst einen Halt in Lindau einlegen, dann am See entlang nach Bregenz. Beide Städte finde ich einfach wundervoll. Wir sind etwas spät, also beschließt mein Dad, dass wir ein kleines Stück über die Autobahn fahren. Drei Kilometer vor der Ausfahrt. Im hinteren Teil des Ford Galaxy steht der Galgo auf. Die Augen sind Tellerminen. Etwas stört die Lordschaft. Er glotzt mich an. Immer glotziger. Ich befürchte, dass mich seine Augen gleich erschlagen werden – weiß aber nicht, was der

Knochensack jetzt von mir will. Er fängt an zu HECHELN. ER! Der hechelt NIE. Zu anstrengend, zu schnöde. Das macht das Volk, der Herrscher hechelt nicht. Wie auch, wenn man nur rumliegt und hübsch aussieht.

Er hechelt stärker und dreht sich im Kreis. „Papa. Halt an. Bitte!!! Ich glaub, der spanische Landadel muss dringend kacken." Mir schwant Böses. Mein Papa kann nirgendwo anhalten, bleibt wie gewohnt (zwei Töchter, zwei Dackel – da kannste nur noch zu den Legionären gehen, wenn du die alle groß hast. Schocken kann dich nix mehr. Sagt der) ruhig und fährt weiter.

Ich will mich gerade umdrehen zum Galgo. Das Geräusch dringt in die kleinste Ritze des Autos. KNALLPLÄTSCHERSPRITZ. Das Durchfall-Geräusch der Hunde, die man zum Röntgen gegen die Sonne hält. Im Umdrehen sehe ich noch, wie der Hund unglücklich in Scheiß-Position bei 120 km/h im Heck eines Vans, der auf einer nicht so ganz ebenen Autobahn fährt, versucht, irgendwie Halt zu finden. Eine weitere Fontäne ergießt sich aus dem Anus des Windigen in den Kofferraum – und trifft leider auch den Dackel. Der möchte mit zugekniffenen Augen sofort sterben. Papa fährt weiter. „Sind gleich runter von der Bahn, dann such ich was, wo wir die Karre eben säubern können. Lebt der Dackel noch?" Der erste Dünnschiss-Geruch erreicht mich. „Ja! Aber ich gleich nicht mehr!" Papa nuschelt sich irgendwas von „eine weniger, die mich vollquatscht" in den Bart und fährt weiter.

Kaum von der Autobahn, findet er in einer Nebenstraße einen Parkplatz. Wir halten, ich lasse den Galgo in die Wiese und kümmere mich mit Papa um den Kofferraum des Autos. Bei genauem Hinsehen (muss man ja zwangsläufig, ist wie bei Mandala-Kotze. Immer rausfinden was es war. Der Job ist dem der Spurensicherung sehr ähnlich. Nur mit mehr Scheiße halt) lächelt mich die Leberwurst von heut Morgen an. Das bekloppte Vieh hat es geschafft und die Wurst geklaut. Naja, Strafe genug, der wird sich heut die schwarze Seele rektal entfernen.

Papa nimmt, nachdem wir fertig sind, den Müllbeutel und sucht einen Abfalleimer. Einen Meter vom Auto weg bleibt er stehen, grinst breit, so wie ich es so sehr an ihm liebe und sagt etwas lauter: „Scheiße vor dem Herrn!" und wirft den Sack in einen Abfalleimer. Wir stehen mit dem Auto genau vor einer Kirche. Gott bewahre.

Dog-ma

Vor einigen Jahren wohnte ich in Düsseldorf. Der ländliche Stadtteil, weit vor den Toren der Altstadt, war bei Familien äußerst beliebt. Die Bergische Kaserne und ein Segelflugplatz sowie Truppenübungsgelände waren in direkter Nähe zu der Siedlung, in der ich wohnte. Da kann man als alleinstehende, tätowierte Rothaarige mit nem klapperdürren Windhund-Gerippe nur alles richtig machen – dachte ich.

Das Haus, in dem ich wohnte, war toll. Die Lage am Ende einer Sackgasse, direkt am Feld und das wirklich saubere Ganze erinnerten mich so sehr an meinen Heimatort. Da, wo die Nachbarn samstags das Gras mit einer Nagelschere auf eine Länge schneiden. Im Knien, schön akkurat. Und Auto wird auch samstags gewaschen, weil die anderen das ja auch machen. ALLE.

Kurzum, perfekte Gegend, wenn man irgend ne heile Weilt, zumindest dem Anschein nach, um sich rum braucht. Zu der Zeit brauchte ich das, der Galgo sowieso, der war nämlich grade bei mir eingezogen. Das Ganze spielt also kurz nach der Jahrtausendwende. Damals habe ich noch in Discos in der Altstadt gekellnert. Da, wo es noch mehr tätowierte und Whisky-trinkende Idioten wie mich gab. Als Ausgleich wollte ich halt dieses Kleinstadt-Feeling haben, und hatte es dort auch.

Der Galgo zog an einem Samstag ein. Eigentlich wollte ich einen Rottweiler. Oder ne Dogge. Hat ja fast hingehauen. Zumindest war der groß. Ende. Aber die Töle hatte mich zu seiner Besitzerin auserkoren, ich konnte nicht anders, als mit diesem pottenhässlichen, nur aus Knochen, Augen, schiefer Nase und stumpfem Fell bestehenden Vieh nach Hause zu fahren aus dem Tierheim (wo ich eigentlich nur gucken wollte. NUR GUCKEN! Rottweiler!). Das Dingen kannte an Häuslichkeit überhaupt nix. Einen Tag vorher aus dem Tierheim Scooby Medina, einem tollen Projekt von Fermin Perez, nach Deutschland gekommen, hatte er auch wenige Chancen, irgendwas kennen zu lernen. Also wurde der Köter durch den frisch geputzten (...) Flur gezerrt und lernte als erstes Mal eine Tür kennen. Nämlich die Glastür zum Garten. Das Sichtjäger-Vieh hatte nämlich Nachbars Katze, die ihres Zeichens das Herzstück des neben mir wohnenden Hausmeisters war, erspäht und wollte mir als erste Amtshandlung eben diese schreddern. Leider hatte die geschlossene Terrassentür kein Einsehen und der Köter flog volle Möhre mitsamt der eh schon schiefen Nase voll vor die Scheibe. Sah ein bisschen aus wie ein Vogel, der vor ein Fenster brettert. Hat auch einen schönen fettigen Abdruck auf der Scheibe hinterlassen. Aber der Lerneffekt war erstaunlich. Ich wurde böse angefunkelt und natürlich (was auch sonst) für den Zwischenfall verantwortlich gemacht. An diesen Zustand gewöhnte ich mich mit der Zeit. Ich war der generelle Auslöser von Unfällen, selbst wenn ich nicht in der Nähe war: Wetter, Wind, keine Couch, zu harte Couch, nicht gemachtes Bett, Essen, kein Essen, kein Psychiater...meine Liste der Schuld liest sich ähnlich der Anklagen vor einem Kriegsverbrecher-Tribunal. Daran, so weiß ich heute, gewöhnt man sich einfach mit der Zeit. Ich hatte das unsägliche Glück, nicht nur meist ein gutes Bauchgefühl im Umgang mit der Rippe zu haben. Nein, den konnte ich bereits am dritten Tag des Zusammenlebens ableinen.

Meistens kam der sogar zurück. Wenn nicht gerade etwas Sicht-Jagdbares in der Nähe war. Dann – Sorry, ich hab Termine! – war er weg, der Galgo. Plan war grundsätzlich: das Essen wird selbst erlegt und gewürzt. Auch im Garten, wo mein Vormieter einen wundervollen Teich mit Fischen angelegt hatte. Die Fische waren nach einer Woche spurlos verschwunden. Trotzdem bestand der Galgo darauf, dass das Fischfutter weiterhin ins Wasser geschmissen wurde. Dann stand er auf seinen Stelzen im Wasser und fischte sich dieses dann laut schmatzend wieder aus dem Teich. Den Sinn dieser Art der Fütterung habe ich nie gefunden, aber wenn es ihn glücklich gemacht hat, tat ich so einiges für das klapperdürre Vieh. Nur die nervigen Scheiß-Frösche, die wie blöd nachts vor sich hin quakten, erfreuten wohl sein ebenso dürres Gemüt. Die blieben am Leben und vermehrten sich. Nach ein paar Monaten hatten wir die Wiener Sängerknaben im Teich, samt aller Notbesetzungen und Zukunftsbesetzungen für 100 Jahre.

Die Tatsache, dass dieser Hund mir elendig und bis aufs Blut vertraute, war in heiklen Situationen wirklich von Vorteil. Der Arsch-Windhund war anfangs ein absoluter Angsthund. Aber solange ich dabei war, fühlte er sich gut und sicher. Das habe ich versucht, meinem damaligen Freund klar zu machen. Er wollte und sollte ab und an mal mit dem Hund gehen, wenn ich zu viel arbeiten musste. Die Ansage war: NIEMALS von der Leine lassen, wenn ich nicht dabei bin. N-I-E-M-A-L-S.

Mein Damaliger war aber der Ansicht, dass er sich schon genug seiner Joghurts mit dem Galgo geteilt hätte und er ihn deswegen mindestens genau so lieb hätte. Eine fatale Fehleinschätzung. Der Galgo tut nämlich bei Lieblingsessen gerne mal so, als ob er dich gleich heiraten will. Ist das Essen weg – wird der Hund es auch sein. So einfach ist das.

Also taperten irgendwann mal die 2,04 m geballte Manneskraft mit 72 cm Galgo zur Tür hinaus. Man ging spazieren. Ich fuhr zum Job und machte mir keine weiteren Gedanken. Ebenso fatal.

Zu meinem Feierabend bekam ich den Galgo ins Büro geliefert. Mein Damaliger musste noch zu einem Termin, ich fuhr mit dem Hund also nach Hause. An der Haustür angekommen, schloss ich auf und wollte zu meiner Wohnungstür gehen. Diese befand sich – bei drei Wohnungen in der Etage – in der Mitte des Flures. Bei dem Geräusch meines Haustürschlüssels ging die Tür links neben mir einen kleinen Spalt weit auf. Meine liebe türkische Nachbarin steckte ihre Nase und ein Auge durch den schmalen Schlitz der geöffneten Tür. Bedeutsames Schweigen. Das eine Auge starrt mich aufgerissen an, der Galgo wedelt und freut sich. Die is nett, die gibt dem immer was zu Essen. Weil der so dünn ist.

Höflich frage ich, ob alles in Ordnung ist. Die Gute sieht echt besorgniserregend aus. Sie flüstert: „Wissen Sie, was mit den Nachbarn ist?" Und ein Finger streckt sich aus dem Türschlitz in Richtung der Tür meiner anderen Nachbarn. Die Wohnung vom Hausmeister nebst Familie. Ich erstarre. Der sonst strahlend weiße Flur ist in der Höhe von 70 cm bis ca. 1,20 m blutverschmiert. Die Wände, die Haustür des Hausmeisters – bis zu meiner Tür sind wild verschmierte Blutschmieren an der Wand. Es sieht ein bisschen aus wie im

Horrorfilm. Nur, dass mir genau das Blutmuster verdächtig bekannt vorkommt. Das habe ich schon öfter gesehen. Nämlich in meiner Wohnung.

Diese Galgos haben irre lange Ruten. Klar, wenn man mit bis zu 60 Sachen irgendwoher pflastert, braucht man bei Richtungswechseln ja irgendeine Möglichkeit, die Körpermasse (hahaaahhaaaaa....also, die Rippen) irgendwie austarieren zu können. Ähnlich wie beim Gepard, die haben ja auch mehr Rute als Körperlänge. Und diese Rute schlagen sich die Viecher gerne an der Spitze beim Wedeln auf. Merken das aber nicht (auch wenn sie nicht so aussehen, die Windhunde sind wirklich und wahrhaftig echt schmerzfrei bei vielen Dingen). Und das blutet wie Sau. An einer weißen Wand wedelnd entlang gegangen, hat man – dank Rippen-Inneneinrichter – direkt den perfekten Massenmörder-Look in der Wohnung.

„Ach, das sieht ja schlimm aus. So viel Blut. Aber machen Sie sich keine Sorgen, das war wohl mein Hund! Hat mein Freund nicht aufgepasst!" Freudig grinse ich die Nachbarin an. Freudig, weil ich sofort in meinem Sherlock-Holmes-Hirnareal die richtige Lösung durch logisches Kombinieren gefunden habe. Total stolz auf mich selbst sehe ich, wie das eine Auge der Nachbarin im Türschlitz ungefähr so groß wie die Sonne wird. Schnappendes Einatmen, ein Blick des Entsetzens auf den Hund (der immer noch kreuzdebil wedelnd dort steht und die Nachbarin lieb haben will) und PENG – wird die Tür zugeschmissen.

Dann begreife ich, was ich da gesagt habe. Und muss lachen. Leider hört sich das für meine Nachbarin an, als ob ich ein irrer Massenmörder bin und sämtliche Sicherheitsriegel werden hörbar vom Inneren ihrer Wohnungstür schnellstens zugeknallt und verrammelt.

Ein paar Tage später, als der Schock abgeklungen war, hat sie auch wieder mit mir geredet. Vertraut hat sie mir und dem Galgo allerdings nicht mehr so wirklich.

Ich sehe was,
was du nicht siehst 2.0

Zurück zu damals, als ich mit dem Galgo in dem schönen und abgelegenen Teil von Düsseldorf wohnte. Unser Umfeld war wirklich sehr ländlich, von Feldern und dem Bundeswehrgelände geprägt. Mein damaliger Freund kam zwar von weiter weg, liebte aber ebenso dieses Ländliche. Und er war ja auch der Überzeugung, dass er total dicke mit dem Galgo war. Weil man ja, wie schon geschrieben, Joghurt-Becher mit dem Rippchen geteilt hatte. So ein Sonnenschein – dachte ich mir. Der Galgo wohl auch. Wenn der dem den ganzen Inhalt des Bechers gegeben hätte, wäre da wohl ein bisschen mehr Gefühl (Hunger?) seitens des Galgos gewesen. Aber so? Bitte. Er hatte dem Leibhaftigen einen Becher zum Ausschlecken hingehalten. Das muss man sich erst einmal vorstellen. Und dann, so dachte His Gomezness, traut der Scherge sich tatsächlich zu denken, man wäre befreundet. Was für ein Schwachsinn.

Die Galgo-Leute werden mir da wohl nickend und verständnisvoll lächelnd folgen können. So eine Töle ist mal total nett, wenn man das richtige Essen in der Hand hat. Wenn man dieses auch noch artgerecht auf dem goldenen Teller, in perfekter Feng-Win-Hund-Ausrichtung, in der Wohnung auf einem Porzellan-Tisch drapiert und nach dem Hinstellen würdevoll rückwärts in gebückter Haltung von dannen zieht. Und das edle Tier dann entscheidet, dass genau das kredenzte Mahlzeitchen auch gerade in die mentale Verfassung der Töle passt. Und zum Wetter. Und zum Krallenlack. Die aktuelle Sternenkonstellation sollte auch günstig sein. Wenn diese Punkte alle peinlich genau in das Galgo-Schema „Essensaufnahme mit Personal" passen – DANN kannst du dich drüber freuen, wenn sie dich nach dem Essen noch anrülpsen. Alles andere wäre zu viel verlangt und überhaupt nicht ihrem Status entsprechend.

Mein damaliger Freund dachte allerdings, mit seiner Becher-Ausleck-Nummer hätte er DEN Renner beim Galgo gelandet und war sich furchtbar sicher, dass der Hund ihn genauso akzeptieren würde wie der Knochensack mich liebte. Dem Grunde nach völlig nachvollziehbar, aber in Anbetracht der Rasse völlig schwachsinnig. So gab ich dem Herrn dann den Auftrag, während einer kurzen Abwesenheit meinerseits den Galgo zu unterhalten. Mit einem Spaziergang in die hiesige Landschaft. Mit der dringenden Bitte (Befehle kommen bei Männern ab und an nicht so an, deswegen lieber die Klimper-Klimper-Augen-Nummer), das Rippchen tunlichst nicht von der Leine zu lassen. Ich ging derweil kurz in den örtlichen Lebensmitteldealer-Laden, kaufte unser Abendessen und trottelte wieder heim. Da von beiden noch nichts zu sehen war, hab ich mich einfach mal in den Garten gesetzt, die nicht mehr vorhandenen Goldfische betrauert und den blöden Fröschen den nächstbesten Tod an den Hals gewünscht. Der Garten war komplett mit Sichtschutz-Zaun umgeben. Auf dem Zaun war, dank Katzen-Vormieter,

Plexiglas angebracht. Wohl um die Raubviecher davon abzuhalten, irgendwie zu türmen. Insgesamt saß ich da also in einem von zwei Meter Wand umgebenen Kleinod.

Einen Kaffee später hörte ich ein Geräusch auf der Straße. Krallen. Sehr schnelle Krallen. Krallen, die leicht schleifend in einer höheren Geschwindigkeit um die Ecke kratzen. Mein Arsch bewegte sich leicht Richtung Grundeis – der einzige schnelle Hund unter den ganzen völlig zu fetten (tschulljung. Is doch so) Tölen in meiner Nachbarschaft war: mein Galgo. Der muss also draußen auf der Straße unterwegs sein. Ich schlucke und horche angestrengt. Keine Krallen mehr. Allerdings auch kein Autogeräusch – immerhin etwas. Plötzlich macht es ZARR! und der Galgo materialisiert sich genau vor meinen Füßen. Grinst mich an, die Lunge hängt mal wieder einen halben Meter samt Zunge aus dem Pinzetten-Maul. Er latscht zum Teich, geht rein und legt sich zum Auskühlen hin. Nur noch der dürre Hals nebst dem Rennradsattel-Kopf ragt aus dem Teich. Der Hund entspannt sich wie ein Saunabesucher im Whirlpool und schließt die Augen. Seine Welt stimmt, alles super.

Ich – koche. Über. Mein damaliger Freund ist weit und breit nicht zu sehen. Auch für die nächste halbe Stunde nicht. Da hat man sehr viel Zeit, sich die besten Mordszenarien durch den Kopf zu jagen um sich dann für die allerlängste und schmerzhafteste zu entscheiden. An sein Telefon ging er auch nicht. Wohlweißlich. Irgendwann schellt mein Telefon. Mein Nachbar will wissen, wie lange er meinen Freund noch hektisch suchend, mit dicken roten Flecken im Gesicht, auf dem Feld lassen soll. Er hatte gesehen, wie der Galgo im Full-Speed über die Landstraße Richtung

190

zuhause gepflastert ist. „Kriegt der noch Luft?" frage ich ihn. „Der kann noch." Also beschließen wir, dass mein Nachbar erst mal auf ein Bier kommt. Der Hund ist ja schließlich auch noch im Teich. Bei der Abendrunde hole ich meinen Freund dann aus der Botanik. Ich denke, der wird niemals wieder einen Hund von der Leine lassen. Positive Verstärkung heißt das, oder?

Die gemeine Tierschutz-Uschi (Uschi bestialis munitio)

Oft reden wir hier von Tierschutz-Uschis. Doch was zeichnet eine TS-Uschi eigentlich genau aus? Ein kleiner Exkurs in die Welt der Tierschützer kann uns dabei sehr behilflich sein. Die inneren Werte der gemeinen Tierschutz-Uschi sind bisher nicht im Ganzen erforscht. Hier streiten sich noch die Positiv-Trainer mit den Naturalisten. Frau Rudelstellung hält sich da raus, weil man die Uschis nicht einfach untereinander austauschen kann. Herr Millan will mit ner Horde wildgewordener Frauen nix am mexikanischen Hut haben. Andere leiden still und rufen in regelmäßigen Abständen die Psychiater ihres Windhundes an.

Die Tierschutz-Uschis an sich wollen eigentlich Kooperationen fördern. Hunde retten, gerne aus dem Ausland und hier noch gernerer aus Rumänien, Spanien oder der Türkei. Die Welt verbessern die Weiber dabei rasch auch noch mit. Tierschutz-Uschis gelten als Rudel, wenn sie aus mehr als zwei Mitgliedern bestehen (also Obacht bei Spaziergängen. In freiem Wald und Flur treten diese oft rudelweise auf, häufig an Flexileinen und wenig bis ignorant hörenden Hunden zu erkennen.). Im besten Fall sammeln Tierschutz-Uschis vor eigentlichem Tätigkeitsbeginn, dem Tierschützen, Informationen. Welche sie dabei sammeln, ist völlig unerheblich. Irgendwelche reichen völlig aus. Aktuelle Reifengröße des Fahrrads oder Tankinhalt des ökologisch wichtigen Thermomix wird gerne als Referenz genommen.

Sobald die Informationen der Tierschutz-Uschi also gesammelt sind, wird die Führung und Rangfolge innerhalb des Tierschutz-Rudels geklärt. Steht diese, wird sie mindestens 5x täglich neu ausdiskutiert. Hier insbesondere für jeden Themenbereich und meist völlig sinnfrei. Es wird versucht, gemeinsame Werte, also Normen und Regeln, in der Wattebausch-Diskussion aufzustellen oder zu finden. Das Zusammenleben – damit wird meist ein kurzfristiger Aufenthalt im bösen Ausland kombiniert, meist reicht aber auch das „Vereinsheim" – in der Gruppe erweist sich bei Tierschutz-Uschis meist deutlich schwierig. Diese Spezies neigt im Stillen und alleine gelassen deutlich zu selbstzerstörerischen Endlos-Diskussionen über den Schutz von Tieren, veganer Ernährung und dem falschen Sonnenstand. Hier hat es sich als nützlich erwiesen, in die Gruppe einen Tierschutz-Horst zu integrieren. Dieser ist von immenser Bedeutung für die Einhaltung der Haushaltsregeln, also für das Management der wattewerfenden Endlosdiskutierchen. Dieser Horst versucht nun, in der Gruppe klar definierte, sinnvolle Spielregeln aufzustellen.

Irgendwann erwächst bei den Uschis und dem Horst dann ein Gruppenbewusstsein. Wir schaffen etwas für die Tiere, nicht wahr. Wir sind die tollsten, retten am meisten und haben überhaupt nur das Beste. Alle entwickeln ein Gruppenbewusstsein. Ab hier wird es meistens für normale Menschen außerhalb der Tierschutz-Uschi-Szene unangenehm. Alles, was nicht in die selbstgeklöppelten Statuten passt, wird gnadenlos angeprangert. Um sich ordentlich aufregen zu können, werden natürlich Begleitumstände der ausgewählten Shitstorm-Adressaten gerne übergangen. Dadurch könnte es sich ja durchaus als sinnvoll ergeben, dass zum Beispiel ein Windhund tatsächlich rassebedingt einfach klapperdürr ist. Und nicht, weil der Idiot von Halter, wie so eine Tierschutz-Uschi meint, den einfach nicht oder falsch oder sogar mit Fleisch füttert.

Das eigene Verhalten in der Gruppe wird bis ins Letzte ritualisiert. Kann man manchmal sogar bei Hunden beobachten, die erzählen aber dabei nicht so viel Schwachsinn wie die Tierschutz-Uschis. Der Tierschutz-Horst ist – eigentlich – in dieser Uschi-Gruppierung zur Entspannung derselben aufgenommen worden. Leider vermuten einige Uschis dahinter jedoch trieblastige Motivation, was die gesamte Gruppe natürlich in Aufruhr bringt. Die internen Querelen, also wer die Haare hübscher hat, wer zu dünn, zu fett, zu dämlich, zu blond oder zu wenig Tierschutz-Uschi ist, gefährden im besten Falle die gesamte Gruppe und wenige Vorfälle später hat sich der ganze Spuk in nichts aufgelöst.

Gut für das Internet, schlecht für Leute wie du und ich. Der gesamte Frust der Tierschutz-Uschi entlädt sich nun auf Spaziergängen. Egal, was entgegenkommt auf den Spaziergängen, alles wird erst mal grundlos in irgendwelche Schubladen im Kopf der Uschi gestopft und je nach Kategorie der Schublade mit den entsprechenden Uschi-Weisheiten bombardiert. Hier zeigt sich dann eindrucksvoll, was eigentlich eine Uschi- Tierschutz-Gruppe (sofern diese funktioniert und der Tierschutz-Horst gute Arbeit, in welcher Form auch immer, darin leistet) trotz allem für einen Nutzen hat. In dieser ökologischen Nische finden die Uschis soziale Sicherheit, soziale Organisation und

Identität, haben einen ökonomischen Nutzen (es gibt immer einen. Immer!) und können ihrer grenzdebilen Motivation eine Plattform bieten. Der soziale Stresslevel in der Gruppe kann auch meist schon in der Gruppe abgebaut werden. Die hauen sich erst mal selbst ordentlich innerartlich was auf die Ohren, bevor irgendwas nach draußen dringt. Also beispielsweise bis zu mir, dem Otto-Normal-Arschlochhundehalter. Das heißt im Klartext – bevor so eine Uschi mir richtig auf den Nerv geht, hat sie bereits innerhalb ihrer Organisation schon massiv gebrandschatzt. Alle anderen haben keinen Bock mehr auf die, also sucht sie sich eine neue Bühne – und die befindet sich im häufigsten Fall auf dem Feld, wo ich spazieren gehe. Oder in einem einsamen Wald.

Egal, sie findet mich.

Per Arschloch durch die Eifel

Dem gesamten Arschloch-Haufen wurde befohlen, in die Eifel zu reisen. Das stand schon etwas länger auf dem Programmplan, musste aber immer wieder dank normalem Leben aufgeschoben werden. Irgendwann die Woche hab ich dann die Reißleine – und das Telefon – gezogen und uns für Freitag Abend bei einer lieben Freundin angekündigt. Die Arschlöcher kommen. Sperrt die Ommas weg, nehmt die Tutnixe an die Flexi. Eifel rockt, da fahren wir gerne hin. Der Gelenkbus ist so eine Hobby-Bergziege und kommt vor allem in der Vulkaneifel völlig auf seine Kosten. Hoch, runter, links, rechts, HASI, Wanderer, Tutnixe und trail-erfahrene Köter – in der Eifel ist wat los. Der Todesstern mag das auch gerne, einfach die Wege hoch und runter pflastern, soweit die Leine reicht. Leine, weil Naturschutzgebiet und da halten wir uns auch dran in den ausgezeichneten Gegenden.

Der Freitag begann allerdings noch mit diversen Kleinigkeiten, ein Tutnix am Feld musste leider dran glauben und ist auf den Murmeln, die dem Gelenkbus vorher aus dem Kopf gerollt sind, ausgerutscht. Sorry nochmal. Hat der noch nie gemacht, ich schwöre! Sack und Pack in den SUV, die Arschlöcher kurz vor Abfahrt noch mal kurz gelüftet und ab geht's.

SIE KOMMEN. Der Plan für das Wochenende steht auch schon: Schreiben, schreiben, schreiben. Und die Hunde einmal am Nürburgring entlang schleifen. Damit die Arschlöcher auch mal sehen, dass Frauchen nicht immer die Katastrophen-Fahrerin ist, für die sie sich ausgibt. Einen Facebook-Freund/Fan treffen, Sylvias Wohnung und Familie entern, ausruhen und versuchen, nicht in die Dorfchroniken durch pure Anwesenheit zu gelangen. Kaum angekommen, werden wir durch den Hausherrn Alfons echt herzlich begrüßt. Der ist Arschloch-tauglich und zeigt sich von der im Kofferraum „SCHEISSE!!!! EIN MENSCH!!! MAMAAAAAA!" brüllenden Todesstern-Uschi überhaupt nicht beeindruckt. Kaum die Klappe der Ladeluke auf, springt Uschi in den Wintergarten der Ferienwohnung und tut so, als ob sie niemals ein Bellen über Alfons losgelassen hätte. Manchmal sind Weiber ja schon schräg. Fritz findet wie gewohnt alles geil (irgendwie gehört der zur Sorte „Leicht zu unterhalten. Guck ihn einfach an – zack, freut sich") und kann direkt mit dem Todesstern den Garten fräsen gehen. Die beiden mögen ihren Job als Rasenvertikutierer echt gerne.

Den Rest des Abends wird ausgepackt und mit Alfons und Sylvia lecker gegessen. Nach dem Essen möchte Sylvia die Hunde kennenlernen und wir gehen runter in die Ferienwohnung. „Ich muss die kennenlernen. Hab mir heute nochmal deine Geschichten durchgelesen und ich erwarte Monster." Sagt mir Sylvia auf dem Weg. Ich grinse. Perfekt, immer mit dem Schlimmsten rechnen, dann kann es nur positiv beeindrucken. Der Gelenkbus ist entzückt, es gibt Besuch. In des Todessterns Blackbox ist grade Kabelbrand und sie dreht voll auf – Kugelfisch, wildes Rumgebelle und der Glitzer fließt in Strömen aus den Lefzen. Das beeindruckt allerdings niemanden, auch nicht Sylvia. Nach ein paar Minuten rafft das auch der Todesstern und steigt auf Glitzerknete um. Schön, die ist auch weniger laut. Dem Gelenkbus ist alles egal, der findet alles tres chic und seihert erst mal alle ein. Willkommensgruß nach Molosser-Art. So eine Art Endabnahme. Nur echt mit Schleimspur.

Ein bisschen später entschuldige ich uns – ich bin müde und schmeiße den Luxus-Kadaver auf die Couch. Selbst die Arschlöcher gehen zügig zur Nachtruhe, bei uns in Autistenhausen lägen die ja schon längst im Bett. Ist ja schon dunkel.

Am nächsten Morgen lasse ich das Frühstück ausfallen und stelle lieber fest, dass ich mein Ladekabel für den Laptop vergessen habe. Ein Anruf und der liebe Uwe, mein Facebook-Freund, kümmert sich. Nachdem ich noch Sylvia und Alfons verrückt gemacht habe, versteht sich. Mein Plan, das Buch endlich zu Ende zu schreiben, steht auf der Kippe. Die Arschlöcher interessiert das nicht und sie werfen den Ball aus dem Garten einmal feist in meine Richtung. Samt Erdklumpen. Danke. Uschi kotzt noch ein gelbes Mandala vor Aufregung aufs Grün. Normaler Urlaubsmorgen.

Nachdem ich von Uwe gehört habe, dass er erfolgreich ein Ladekabel für meinen Uralt-Laptop mitten im Nichts erstreiten konnte, fahre ich los. Die Krampen wollen laufen, ich will was Süßes und Uwe hat da ein Objekt der Begierde für mich. In der Nähe des Rings, an einer dollen, total bekannten Tankstelle (ich kann mir keine Namen merken), gibt's Kaffee und Schokocroissants. Die Arschlöcher warten (recht ungehalten. Frechheit, man muss warten) im Auto.

So entschärft und mit einer Dosis Süßkram intus, auf die reichlich Kaffee geschüttet wurde, können wir los – eine Spaziergehstrecke am Ring wartet. Uwe, als Nicht-Einheimischer, kann mir meine Fragen zur Nürburg nicht beantworten. Abzug in der B-Note, mein Freund! Hab ich gesagt! Von den Arschlöchern lässt er sich kaum merklich beeindrucken. Der Gelenkbus riecht beim Aussteigen Freiheit und Asphalt, ganz sein Metier. Der Todesstern ist noch damit beschäftigt, so zu tun, als ob keine Menschen auf den Planeten gehören.

Wir laufen los und Uwe möchte gerne direkt auf dem Track laufen. Ich aber nicht. Ich kenne mein Glück. Bei „Da fährt heute garantiert keiner" kommt mir immer „Das hat der ja noch nie getan" in den Kopf. Besser neben dran. Uwe fügt sich kopfschüttelnd. Die Arschlöcher trümmern los und sind verzückt. Der Gelenkbus hat ein bisschen Berg, ein bisschen Tal und Wiese mit angrenzenden Bäumen. Hundetraum erfüllt, fehlt nur noch ein Ball. Der Todesstern ist auch jeck, schießt wie ein Kampfjet mittlerer Klasse durch das Gehölz. Ein Motorbrummen ertönt. Ich sehe Uwe an, Uwe sagt: Das kann nicht sein. Auf dem Track fährt ein Auto an uns vorbei. Ich grinse. Uwe nicht. Die Arschlöcher geben weiter Vollgas und haben Spaß wie die Braunkohlebagger. Einen kleinen Show-Fight legen die auch noch ein und Uwe hat „Kampf der Titanen" live. Auf dem Rückweg haben wir übrigens auf dem Track zwei Autos, drei Mountainbiker, einen R/C Deppen mit ferngesteuertem Auto sowie einen Typen auf Ski mit Rollen gehabt. Soviel zu „Da fährt heute keiner".

Nach dem Abschied von Uwe, der übrigens mit Bravour den Belastungstest „Arschloch" durchgehalten sowie mich im Fotografier-Wahn nicht so angesehen hat, als ob da grad einer aus ner Irrenanstalt am Steuer des Autos sitzt, fahren wir heim. Es ist bestes Wetter und der Gelenkbus darf aus dem Fenster gucken von seiner Rückbank. Wir tuckern langsam durch ein Dorf, Leute zeigen auf unser Auto. Der zierliche Kopf des Rüden guckt aus einem immer noch sehr dreckigen SUV. Der Rüde schnorchelt die Luft ein, rotzt ab und an die Rudi-Völler-Befreiungsnase und findet das Leben geil. Der Sabber läuft langsam und sicher in Sabber-Dreckbächen am hinteren Fenster herunter. Perfekter Alien-Look fürs Auto. Handmade. Einheimische starren uns weiter an, einer lächelt sogar. Den Rüden interessiert es nicht, im Vorbeifahren trifft er beim kräftigen Ausniesen fast einen Passanten. Grandioser Tag, sagt er. Find ich auch. Wir sind zuhause und ich bin glücklich, weil die Köter glücklich sind. Und weil ich jetzt ein Ladekabel habe.

Experte 2.1

Es gibt da ein massives Expertengefälle in Deutschland. Vielleicht auch in der Schweiz oder gar Österreich, das muss ich noch herausfinden. Generell kann man davon ausgehen, dass in Ballungszentren die Expertendichte exorbitant höher ist. Sehr viele Menschen mit Tutnixen, die auch noch dummerweise Zugang zum Internet und anscheinend freie Zeit haben. Die freie Zeit wird nicht für den eigenen, meist sehr selbständig agierenden Aluschalen-Tutnix verwandt. Könnte ja was bringen, so ein kleiner Sack Erziehung. Und die neueste Hunter-Kollektion wird generell nur in der eigenen Wohngegend ausgeführt, dann sehen die anderen Aluschalen-Uschis auch direkt, dass man sich das leisten kann. Die meist weiblichen Experten in Ballungszentren lesen aufmerksam viele Facebook-Foren, sind völlig beratungsresistent im reellen Leben und der festen Überzeugung, dass alles, was im Internet steht, völlig wahr ist. Hat ja jemand geschrieben, dann muss das wahr sein. Also gehe ich davon aus, dass genau diese Uschis auch an Aluhüte, Chemtrails, nachwachsendes Erdöl glauben. Und Kriege werden nur von bösen Menschen geführt. Der eigene Hund tut selbstverständlich nie was, der hat ja eine Flexileine mit Blümchen drauf. Und kommt aus dem Tierschutz, der hatte ne schwere Welpenzeit und dem hat ja nie jemand gesagt, wie man sich so als Tutnix verhält. Kann ja mal vorkommen, ne?

So seid dann gefasst – wenn ihr in einem Gebiet mit hoher Expertendichte und Internetzugang mit Arschlöchern spazieren geht – dass euch gar fantastische Menschen begegnen. Bei uns sieht das meist so aus wie in dem folgenden Beispiel:

Rheinland, beliebtes Spaziergebiet. Ich kann heute nur dort laufen weil ich diverse Termine halten muss und die Arschlöcher bei allen dabei sein werden. Ladeluke vom SUV auf, Bondage an dem Todesstern wird heute fünf Mal überprüft. Da die Tuss heut auch noch schlechte Laune wegen Hormonen hat, bekommt die den Weber-Gesichtsgrill de luxe auf. Der Gelenkbus hat auch Laune, weil die Hündin Laune hat. Da ist der ja flexibel. Also bekommt der ebenfalls seinen Vogelkäfig um. Der ist nicht ganz passend (etwas zu lang) und ich wollte schon immer einmal so einen Plastik-Wellensittich besorgen und den vorne in den Käfig reinsetzen. So als Calming-Signal für das Volk. Ja, hat nen Gesichtsgrill und sieht damit aus wie Hannibal Lector, aber ist nett zu Vögelchen. Mit ein wenig Verwirrung am Hund kommt man meistens etwas besser durch das gemeine Volk. Ist aber noch nicht geschehen, ergo geht der Gelenkbus mit vollem Serienkiller-Aussehen heute aus. Der Todesstern trägt lieber den schwarzen Kleinen, ganz Lady halt.

Als ich vom Parkplatz loslaufe, bin ich schon in bester Stimmung. Die ersten schrägen Blicke treffen auf uns, man tuschelt hinter vorgehaltener offener Kofferraumklappe. Da sitzt ein Tutnix. „Wie kann man nur zwei solch gefährliche Hunde haben, Uschi? Guck dir die mal an! Ach, ist so eine Tätowierte. Die wollen das ja so. Immer auffallen und diese gefährlichen Kampfhunde an der Leine." Aus dem Kofferraum brüllt der Tut-

nix meine Hunde an. Ich bin nach drei Metern schon leicht genervt, Todesstern und Gelenkbus bereiten sich auf die Party des
Jahrhunderts vor. Noch kann ich mein Schandmaul halten und
gehe einfach weiter. Was in meinem Kopf mit der Kommentato-
rin passiert, kann man sich vielleicht denken.

Auf der ersten Wiese angekommen, schießt der erste Leinenhamster auf mein Duo zu. Immerhin: an der Leine. Flexi. Endlich haben meine Tölen einen Grund gefunden und nehmen
meine inzwischen aggressive Grundstimmung direkt mit – es
wird aufgebürstet, als ob die Reinkarnation vom Galgo des
Grauens in beide gefahren wäre. Alleine das Plöpp-Geräusch
hätte den Leinenhamster schon mit einer Druckwelle gegen
den nächsten Baum befördern müssen. Ich wickele mir vor-
sichtshalber die Leinen nicht nur um die Hände, sondern halte
gleichzeitig auch noch in bester Fesselungsmanier alles irgendwie mit der Hüfte fest. Immerhin hab ich 85 kg, eine recht hohe
Statik und konnte mal Rennpferde im Zaum halten. Statistisch
gesehen fliege ich auch nur einmal im Jahr auf die Fresse. Nämlich nur, wenn ich nicht aufgepasst habe und der Todesstern in
eine andere Richtung beschleunigt als vermutet.

Der Leinenhamster gibt alles. Aus den Augen strahlt der blan-
ke Wahnsinn und wir werden mit aller Kraft aus der mikrosko-
pisch kleinen Lunge angebrüllt. Ein Paradebeispiel von gesell-
schaftlich nicht tragbarem, biologischem Normalverhalten entfaltet sich direkt vor unseren Füßen. Gansloßer würde vor Freude ob dieses deutlichen Beispiels wahrscheinlich klatschend vor
Begeisterung um uns tanzen. Meine Begeisterung hält sich in
Grenzen. Ich warte, bis das Ende der Flexileine auf dem Weg

auftaucht. Und möchte dann direkt brechen. Eine Uschi. Wie sie leibt und lebt. So, wie ein Beispielbild in unserem internen Wegweiser durch die Hundehalter-Welt aussieht. Hunter-Kollektion, natürlich voll auf Schluff, Haare hübsch, Freddy-Krüger-Gedächtnisnägel und voll mit Wissen aus irgendeinem Internetforum. „Ohhhhhh, Paule, das ist aber nicht gut. Kommaher, Paule, ja wo isser denn?" säuselt es vor sich hin. Flexi wird keinen Millimeter eingezogen. Vermutlich weil der Rückschlag den Hund mit einem Schnack an den nächsten Baum befördern würde und ich dann ein Tutnix-Mandala bewundern dürfte. Aber man weiß es ja nicht.

Ein schräger Blick auf meine tobenden, aber immer noch bei mir stehenden Arschlöcher. „Warum tragen die denn einen Maulkorb?" Die Frage aller Fragen. Warum richtest Du eine Waffe auf mich, Schatz? Warum gibt es Warnschilder? Warum darf man Flugzeugtüren in 10.000 Meter Höhe nicht öffnen? AUS GRÜNDEN, verdammt nochmal! Weil Wissenschaftler das herausgefunden haben!

„Aus Imagegründen. Sonst werden die von so Zwerghamstern nicht ernst genommen." Die Murmeln in den Hirnen meiner Köter klacken hörbar aus den Ohren und suchen das Weite. Brüllender Leinenhamster, eingefrorener Mensch an der Leine vom Leinenhamster: deutliche Gefahr für Frauchen. Die Idiotenbürste wird ausgepackt. Es wird gefährlich – für mich. Kein Baum zum Festhalten in adäquater Nähe, urteilsresistente Uschi vor mir und eine Töle, die ohne weiteres Nachmessen in dem Pfotenzwischenraum vom Gelenkbus verschwinden kann. Da ich nicht nur um die großartige Blödheit mancher meiner

Mitmenschen weiß, rattert mein Notfallplan los. Hundehirne, auch wenn sie situativ nur aus Glitzerknete, Murmeln und einer Blackbox mit Kabelbrand bestehen, bewerten anders als menschliche Hirne. Das Hundehirn kategorisiert nach Größe und Oberflächenbeschaffenheit. Also haben wir einen Wehrhamster vor uns, der deutlich ins Beuteschema meiner Arschlöcher passt. Abendbrot. Mit Füllung und schön warm.

Da ich auch noch weiß – etwas, was die Uschi bestimmt noch nicht im Internet nachgelesen hat – dass bei einschränkenden Maßnahmen der Blickkontakt elementar ist, rupfe ich meine Leinen an mich und marschiere los. Der Gelenkbus hat den Anker noch liegen, also wird der noch mit einem (ACHTUNG!) Leinenruck (in der Hoffnung, dass der das überhaupt mitbekommt) in eine andere Richtung gezerrt. Nämlich weg von der Beute. Gelenkbus röchelt noch ein ARRRRSCHHH!! ISCHKRISCHDISCH! und der Todesstern tobt wie ein Sturm der ersten Güte. Ich schleife die beiden von dannen und beschließe, direkt zum Auto zu dackeln. Noch ein Experte und ich werde zum Massenmörder.

Vielleicht nimmt mich dann endlich jemand ernst. Ein bisschen.

Neulich in der Hundegruppe

Sportlich aktiv sind meine Hunde im Hundeverein. Genauer gesagt – in einem Schäferhunde-Verein. So richtig klassisch deutsch (Ich höre schon das Handgemenge bei den Lesern. Aber wartet ab, kommt noch besser!).

Damals, auf der Suche nach einer adäquaten Beschäftigung vom Gelenkbus im zarten Alter von zwölf Wochen, besuchten wir das erste Mal die Ortsgruppe, der ich bis heute die Treue gehalten habe. Die sind dort nämlich nicht „typisch" SV und arbeiten mit genau den Methoden, die der Hund im Training vorgibt. Und zu meinem eigenen Erstaunen sah ich dort vor Jahren auch schon Clicker im Einsatz. Der Gelenkbus findet das höchst merkwürdig. Wir haben das mal versucht, ehrlich. Das Clickern. Der Erfolg war – anders als erwartet. Als das Erbsenhirn, ummantelt mit Glitzerknete und kleinen Dekorationen aus Eisenkugeln, endlich geschnallt hatte, dass es bei Click Belohnung gab, bin ich fortan ständig auf die Schnauze geflogen. Denn wenn Molosser „Futter" irgendwie einkonditioniert haben, läuft automatisch die Sabberproduktion auf „Moses, bau eine Arche! Der Molosser riecht Futter!". Machte – mir zumindest – im Training nicht viel Spaß, ständig auf der Seiher auszurutschen oder ein komplett zugelutschtes Knie zu haben. Da kann man besser mit einem Alien trainieren gehen, ist weniger eklig. Und ich bin eigentlich wirklich ziemlich schmerzfrei.

Der Gelenkbus ist allerdings jetzt auch nicht so der Aller-schnellste. Natürlich gibt der bis heute in der Unterordnung alles und ist auch voll im Arbeitsmodus. Im Schutzdienst (was er nun aus gesundheitlichen Gründen von mir verboten be-kommen hat) habe ich mir, die Beschleunigung des Rüden an sich betrachtet, immer einen Film vorgestellt. Angriff der Killer-Molosser. Und mir dabei vorgestellt, wie alle in völliger Panik schreiend um ihr Leben spazieren. So schnell ist der.

In einer normalen Hundeschule finden wir einfach nicht den Unterhaltungswert, den die Köter und ich brauchen. Der To-desstern ist auch ziemlich geflasht von Unterordnung & Co. Das Co. lasse ich aber elegant unter den Tisch fallen – der sonst so geistig flexible schwarze Donnerköter hat nämlich Angst, in den Ärmel zu beißen. Sonst nimmt die wirklich alles, aber der Ärmel...Nein, der greift an. Auch wenn der alleine auf dem Bo-den liegt. Denn da explodieren so Dinger nämlich regelmäßig, hat die Todesstern-Uschi in der Hunde-Bild gelesen. Trotz des wirklich tollen Helfers, der echt bisher alles gegeben hat, um dem Todesstern klar zu machen, dass so ein Gegenstand keinen Todesstern-Supergau, Sprengsatz oder einen Wurf Babykatzen beinhaltet.

Sieht dann meistens folgendermaßen aus (Uschi sitzt vor dem Helfer, der hockt unweit des Ärmels und ist freundlich):

Selbstbeherrschung.

Selbstbeherrschung.

Selbstbeherrschung.

Selbstbeherrschung. Selbstbeherrschung. Selbstbeherrschung. Selbstbeherrschung. Selbstbeherrschung.

Loslaufen. Helfer ablecken. Vor dem Arm, der sich keinen Millimeter bewegt hat, erschrecken. Mir auf den Arm springen vor Angst.

Meist gehe ich dann mit Kapuze auf vom Platz. Und ganz hinten höre ich, wie die Schäferhunde über uns lästern, die Malis sich in die Krallen kichern und der Rüde ein Taxi anruft. Will nicht mit uns gesehen werden.

Von Arschlöchern, die auf Uschis starren

Meine Güte, ich bin genervt. Die Uschi, die mir gegenüber steht, guckt schon ganz neidisch. So genervt kann sie anscheinend nicht aus dem aktuellen Lauren-Pulli gucken. Während mein Kopf laut und deutlich „Reg dich nicht auf!!!" in mein Hirn flüstert, schreit mein Ego „Kopf, halt dein Maul! Wir brechen der jetzt die Nase!" Damit die Uschi meinen inneren Konflikt auch irgendwie mitbekommt, atme ich deutlich hörbar aus. Sie hört jetzt, wie schwer ich es habe mit meiner Entscheidung. Der Gelenkbus neben mir rotzt einmal herzlich auf den Asphalt. Der hat mitbekommen, dass in mir ein kleiner Kampf tobt und bereitet sich prophylaktisch schon mal darauf vor, gleich ein bisschen zu eskalieren. Warum genau, ist ihm entgangen, aber er macht mit. Der Todesstern hängt immer noch krächzend und vor sich hin tobend an meinem rechten Arm – diesmal im Geschirr festgehalten. Am Halsband wäre cooler gekommen, da hätte Uschi noch ein bisschen Luftnot-Wut-Würggeräusch dabei gehabt und mich weiter beschimpfen können. Ach ja, und Erziehungstipps. Die wären dann auch wesentlich besser und umfänglicher gewesen. So muss ich auf das Thema Leinenruck, Belastung der Halswirbelsäule und Klangschellen verzichten. Hätte ich das gewusst, wäre der Todesstern heute nur mit Schleifchen im Haar und Stachelhalsband mit Teletac dran rausgegangen.

Uschis Hund ist mir nur einige Minuten vorher, an der 30 m-Flexi auf Anschlag vorn laufend, volle Möhre in mein Gespann geheizt. Gelenkbus und Todesstern waren innerorts wie von der Gemeinde befohlen (und von mir auch befürwortet) schön bei mir im Fuß. Geordnet wie bei der Bundeswehr. Kann ich an Straßen einfach nicht leiden, wenn da ein Gelenkbus-Lastkahn hinter mir schwere See spielt, während dem Todesstern einfällt, dass man dringend was auf der Straße nachsehen muss. Auch andere Hunde, denen man auf begrenzten Bürgersteigen begegnet, haben da was von. Für alle ein bisschen entspannter. An einer Kreuzung hab ich dummerweise erst nach Autos geschaut und den gerade um die Ecke flippernden Auslands-Teppich der Uschi nicht mitbekommen.

Der Todesstern hat sich so erschreckt, dass sie, nach dem Schock-Sprung in einem Meter Höhe, voll auf den getreten ist. Der Auslands-Teppich der Uschi hat das Ganze direkt unter „Angriff, Marsch!" verbucht und erst mal schön den Flokati-bewehrten Hals ganz weit aufgerissen. Bevor der Todesstern auf doofe Ideen kommt (Abwehr-Beißen kann die super. Hat sie mal an einem Mastino von 90 kg ausprobiert. Der hat es auch Tage später mal gerafft, was da überhaupt los war. Als Frauchen dem das erzählt hat), pflücke ich die lieber rasch aus dem Getümmel raus. Gelenkbus ist noch mit Bremsen beschäftigt, das kann dauern.

Uschi gibt jetzt Gas. „Mein Hund sagt mir, dass Ihre Hunde gefährlich sind!" Moment. Das ist neu. Also, mir ist das neu. Auslands-Teppiche reden neuerdings auch? Heidewitzka. „Gute Frau. Sie reden mit Tieren und wollen tatsächlich, dass ich Sie ernst nehme?" Die sauber aufgespachtelte Masse im Gesicht der

Uschi fängt an zu bröckeln. Anscheinend hat noch niemand je gewagt, ihr zu antworten. Vielleicht aus genau der Angst heraus, die Spachtelmasse im Gesicht könnte in Bewegung geraten und das zeigen, was darunter ist. Da steht sie nun mitten in der Realität – ich habe geantwortet – und guckt mich noch blöder an. Meine Nerven machen sowas heute nicht gut mit. Die Stimmen in meinem Kopf führen immer noch eine Revolte an und möchten der Uschi gerne jetzt einmal zeigen, was man mit Flexleinen noch so anstellen kann. Wenn man diese vorher sehr hart auf den Boden geschmissen hat. Da ich aber dann befürchten muss, dass der Todesstern in einem unbeachteten Moment wieder mit den Beinen auf den Boden kommt und dem Auslands-Teppich die Fransen im Kopf bügelt, verwerfe ich die Idee, ihr alles aus der Hand zu reißen. Außerdem passt mein BH heut nicht zum Schlüppi. Bei meinem Glück werde ich bei so einer Aktion noch angefahren und muss mit den Kötern zusammen in einen Rettungswagen. Der Gedanke erheitert mich. Ich grinse debil. Das macht der Uschi dann wohl doch ein wenig Sorgen. In meinem Kopf bin ich schon längst im Krankenhaus angekommen, Todesstern und Gelenkbus haben ein eigenes Bett neben mir und ich beiße Tierformen aus meiner Abendbrot-Stulle.

Uschi stört mit ihrer sonoren Stimme meine Gedanken. Ob ich mir mal Gedanken wegen der Rudelstellung gemacht hätte. Da wäre bei uns ja einiges falsch. Ich gucke meine Hunde an. Der Linie-12-Gelenkbushund starrt einen Grashalm an, der am Rand des Bürgersteiges wächst. Die Ohren wehen leicht, ein kleiner Sabberfaden verlässt seine Maulfalte und glänzt silbern im Abendlicht.

Der hintere Todesstern, inzwischen still, hängt wie eine Einkaufstasche in ihrem Geschirr an meinem Arm und starrt den Auslands-Teppich an. Aus der Türkei, wie ich erfahren habe. Schwere Jugend. Nix gelernt. Und der starrt erst meine Tölen an, dann mich. Ob ich denn nicht sehen würde, dass es bei uns nicht so passt, fragt die Uschi. Und redet sich in Rage. Gefährliche Kampfhunde und alle lustigen Argumente, die die generelle Verblödung grad noch so bereithält, landen als Beschimpfung in meine Richtung.

Ich möchte jetzt gerne wirklich eine Tierform aus meinem Brot beißen. Abendessen und so. In Ruhe. Ohne Uschi. Den Hunden ist langweilig, der Auslands-Teppich hat geschnallt, dass hier alle der Boss sind und knabbert der Uschi gelangweilt am Schnürsenkel.

Warum sie so aggressiv sei, frage ich. In Anbetracht der Tatsache, dass sie heute Nacht bestimmt noch einiges an Tieren reißen müsste, sollte sie Energie sparen. Kaum hab ich das Richtung Uschi ausgesprochen, kann ich mich an ihrem urplötzlich in schönstem Rot erstrahlenden Gesicht erfreuen.

Wir ziehen von dannen, Laune ist wieder da und mein Brot wartet. Hinter mir höre ich eine kleine Explosion. Schminke ist wohl endgültig von der Fassade gerutscht.

Du kommst hier net rein

Vor ein paar Jahren zogen wir ins Bergische Land. Eine Wohnung oder gar ein Haus mit meinen beiden Ansagen auf Pfoten zu bekommen, war gar nicht so einfach. Die Gelenkbus-Ansage und das Rippenklavier, welches damals noch lebte, waren bei jeder Besichtigung von Wohnungen dabei. Schwierig machte es das Ganze trotzdem, der eine oder andere wird es von euch kennen. Hunde haben sie? Was denn für welche? Anfangs hab ich noch brav geantwortet: Einen Cane Corso und einen Galgo Español. Da aber selbst manche Hundehalter mit der Rasseangabe überfordert sind (was absolut nicht schlimm ist, ich kannte die Rassen, bis ich solche Hunde hatte, auch nicht aus dem Effeff), bin ich irgendwann zu anderen Antworten übergegangen. „Einen braunen und einen schwarzen. Sehr groß. Erzogen." War dann irgendwann die Standard-Antwort. Woraufhin ich grundsätzlich gefragt wurde, ob der schwarze ein Kampfhund sei. Natürlich. Schwarze sind immer gefährlich. Mit einem Seitenblick auf den langen Galgokopf, der meist verwirrt, aber cool irgendwo dekorativ in der Gegend oder im Auto rumlag.

Bei einer Besichtigung wollte der Vermieter mir dann beweisen, dass er voll die Ahnung hätte. Ob man die Hunde denn auch mal sehen dürfte, man hätte ja selbst Hunde. Es wären ja recht seltene Rassen und er wollte sich selbst von den Viechern ein Bild machen. Klar ging das, dafür hab ich ja Beweisstück A und Beweisstück B mitgeschleppt. Also zum Auto, fix die Klappe auf und raus lugten ein debil und freudig vor sich hin grinsender Gelenkbus und der Kopf vom Prototyp Rennradsattel „Selle Royal". Ebenso blöd grinsend, war ja ein Wald in der Nähe. Im Wald wohnt Wild und das Wild gehört gejagt. Im Umdrehen sehe ich schon die leicht vor Schock aufgerissenen Augen des Vermieters. Damit hat der Rassen-Experte nicht gerechnet.

Meine Viecher entsprechen meist nie irgendwelchen Standard-Rassebeschreibungen. Weder vom Aussehen noch vom Verhalten. Die Köter blicken erwartungsvoll in meine Richtung. Der Vermieter schafft es noch, ein „Oh" aus den Lungen zu quetschen. Auf meinen Befehl setzen sich beide (tatsächlich direkt. Ich bin stolz) auf den Hintern. Der Gelenkbus ist gut drauf und sabbert neue Kollektionen auf das Heck meines SUV. Die Galgolette ist leicht angepisst, weil sie in die Dekoration mit einbezogen wurde und Sabberfäden von der Kofferraum-Klappe bis zu seinen Ohren reichen. Nass werden ist ja nicht so die Sache der Galgolette, aber Frauchen hat ja gesagt, man soll sitzen. Dann sitzt man halt nass, dekoriert und in freudiger Erwartung von Wild blöd im Kofferraum. Der Gelenkbus mault lustig vor sich hin, so viel Spannung erträgt er mal wieder nicht. „Und?" frage ich. Schaue den Vermieter an. „Die sind...äh...ja. Nett sind se! Aber ich glaube, die passen nicht so in die Gemeinschaft. Muss mal mit meiner Frau darüber sprechen. Wir melden uns."

Den Satz hab ich schon ein paar Mal gehört und heißt übersetzt: „Alta, Elfriede! Die will mit Brontosauriern bei uns einziehen! Und der eine ist so dünn! Der kriegt nix zu essen! Der andere sabbert, dass die Omma von EG links sich bestimmt den Hals bricht, wenn der vorher durch den Flur gelaufen ist!" Spätestens, wenn Elfriede dann hört, dass beide Hunde eine Größe jenseits der 70 cm Schulterhöhe haben und das Frauchen zwar nen coolen Job hat, aber tätowiert ist, passt das Weltbild und man beschließt, dass sowas nicht ins Haus passt. Ist ja auch ok, also für mich. Jeder soll und darf ja seine Meinung haben.

Ein paar Monate später habe ich den Typen übrigens wieder getroffen. Da hatte er wohl mitbekommen, dass ich fotografiere und nen Menschen aus dem Fernsehen (Obacht! Die fotografiert auch berühmte Menschen!) für meinen Kalender abgelichtet hatte. Auf einmal hätte man mich gerne als Mieterin gehabt. Und überhaupt wäre ich ja auf Platz zwei bei der Auswahl gewesen. Mit Platz zwei hat man aber dann eben Platz zwei, sage ich. Und ich wäre auch nicht so ganz auf seinen Nachnamen klar gekommen. Den wollte ich nicht in meinem Mietvertrag stehen haben. Wäre also ganz gut, dass es mit uns nicht geklappt hätte. Das kann der nicht wechseln und ich lasse ihn stehen.

Besser is.

Fütter den doch mal!

Immer, wenn ich einen dicken Hund sehe, bin ich ja ein bisschen neidisch. Wirklich. Bisher hatte ich immer Köter (Pferde und Männer), die grenzdünn waren. Mein Unterbewusstsein scheint ja voll auf so Kate-Moss-Optik zu stehen, anders kann ich es mir nicht mehr erklären. Oder die ganz furchtbar Dünnen suchen immer Schutz bei mir.

Beim Galgo war es schon immer ein Highlight, wenn ich irgendwo laufen gehen konnte, ohne dass ich auf eine korrekte Nahrungszufuhr durch Experten hingewiesen wurde. Problematisch war halt nur, dass der ehemalige Armer-Straßen-Tierschutz-Köter beim Essen ein totaler Snob war. Und zwar ab Tag des Einzuges. Egal, was ich dem Kackvieh hingestellt habe in meiner unendlichen Mutterliebe, ich wurde angestarrt: Meißener Porzellan, gefüllt mit feinstem 100-Euro-das-Kilo-Futter, ausgefengshuit mitten in der Wohnung platziert. Am Lieblingsfressplatz. Auf der Tischplatte in der Küche. Auf dem Sofa. Egal wo – der war anscheinend der Überzeugung, dass ich grundsätzlich erstmal nicht in der Lage bin, zu kochen, geschweige denn, das Richtige einzukaufen und dieses weit über das MHD zu lagern. Um dieses dann dem armen spanischen Klappvieh hinzustellen, in der unendlichen Hoffnung, dass er dran krepieren möge. Zumindest hat er mich wirklich und immer so angesehen.

Strafend. Fassungslos. Um sich in einem unbeobachteten Moment aus dem Mülleimer zu bedienen. Einmal bin ich sogar hingegangen und habe sein Essen direkt in den Müll gekippt, bin ins Bad und habe die Tür zugezogen. Und gelauscht. Nichts. Er hatte es gesehen und lag weiterhin wie eine Statue auf der Couch. Mit dem gewissen Hintergedanken, dass er tausend Mal schlauer ist als ich, dieser Knochensack.

Wenn ich mir allerdings was Essbares auf den Tisch stellte und nur kurz noch was in einem anderen Raum zu erledigen hatte – hatte ich mal Essen. Ohne ein Haar zu verlieren, klaute der Köter sich in den Jahren nicht nur Tellerportionen, nein: Ein ganzer Sonntagsbraten verschwand innerhalb von Minuten vom Herd. Ein einzelnes Haar fand ich nach fassungsloser Suche und Zweifeln an meinem Verstand. Ein Haar. Und einen sanft rülpsenden Galgo auf der Couch.

Beim Spazieren gehen warfen uns ganz Mutige grundsätzlich einen verachtenden Blick zu. Gefolgt von „Ey, fütter den mal!". Ach ne. Versuch doch selbst, Honk. Wenn die Kate Moss auf Krallen mal Laune hatte, hat der sogar mit spitzen Eckzähnen was von Fremden gegessen. Bei mir ging maximal sehr mageres Rindfleisch (die Figur! Ich muss auf meine Figur achten! Gelbe Müllsäcke haben keine Kalorien!). Wehe, ich kam dem mit was Fettigem. Obwohl, ein ganzer Topf geklärter Butter, die zum Auskühlen auf dem Balkon stand, ging. Die abschließende Kernsanierung der Wohnung war übrigens sehr schön – habt ihr schon mal versucht, gleichmäßig versprühte Durchfall-Butterscheiße von den Wänden zu kratzen? Macht wirklich Spaß. Man muss sich nur genug Wodka in die Birne kippen, damit man den Gestank nicht mehr mitbekommt. Und am besten direkt mit irgendwas Geruchsintensivem streichen. Flüssiger Straßenbelag fällt weg, kriegt man mit dem Spachtel schlecht aufgetragen und man hat danach Brandblasen überall. Alternativ hat sich bewährt, die Hütte einfach zu sprengen und neu aufzubauen. Geht schneller.

Die schönsten Kotz-Mandalas bekommt man übrigens, wenn man einem handelsüblichen Windhund so Kalorien-Futter-Bomben von einer adipösen Fachfrau füttert. Meinem inneren Wink folgend – wenn die selbst so im Futter ist, hat die bestimmt probiert – kaufte ich ein paar solcher Rinderhack-Pansen-Fett-Ballen und gab die frohen Mutes dem Rippenklavier. Als ich mal wieder ein schlechtes Gewissen hatte. Gefressen hat der die sogar. Eine Stunde später war ich im Krankenhaus, weil ich einen astreinen Sliding-Stop übers Parkett hingelegt habe. Teile des Pansens hab ich im Dunkeln noch erkennen können. Dass darum allerdings das im Magen aufgewärmte Rinderfett in lustigen Mustern drum herum gekotzt war, war dank Farbgleichheit von Parkett und Kotze nicht so ersichtlich. Ich habe dann mit bestmöglicher Beschleunigung, beschissenen Haltungsnoten und fluchend mit der Wand abgeklatscht. Unter strafenden Blicken des Galgos. Zu laut. Nicht hübsch. Ne, das Personal ist auch nicht mehr, was es mal war.

Ab diesem Notarztbesuch habe ich übrigens umgehend Puls bekommen, wenn mich jemand auf die Fütterung von „Fett“ beim Galgo hingewiesen hat.

Positive Konditionierung nennt man das, oder?

Assholes Anatomy

Nicht nur der Galgo konnte lupenreine Szenarien der Peinlichkeiten produzieren. Der Gelenkbus ist für sowas auch immer sehr gut zu haben. Mit reichlich schauspielerischem Talent ausgestattet, kommt er öfter mal daher wie ein Bud Spencer auf 16 Krallen. Schwerlast-Krallen selbstverständlich.

Es war ein wunderschöner Sommertag, als mein Papa mich anrief, ob man nicht zusammen einen Spaziergang unternehmen wollte. In der Haardt, einem großen Waldgebiet im Münsterland. Ich war natürlich sofort dabei, verfrachtete den Gelenkbus nebst Rippenklavier in die sommerlich saubere SUV-Karre und düste gen Münsterland. Die Hunde waren auch schwer begeistert – mit dem damals noch lebenden Dackel, dem Oppa und der Oma nen feisten Spaziergang zu machen, war immer das Größte. Die Oma hatte nämlich die Angewohnheit, die Biester gnadenlos, mit dem Dessertlöffel bewaffnet, mit feinster Leberwurst vollzustopfen. Wie polnische Mastgänse. Selbst der Galgo fand das – aus ihrer Hand natürlich nur – sehr erstrebenswert und da wurde auch nicht rumgezickt. Rein essenstechnisch.

Kaum am verabredeten Parkplatz angekommen und die Hunde entladen, bogen meine Eltern auch schon um die Ecke. Der Dackel wurde von der Hutablage gekratzt und los ging es. Bei herrlichstem Wetter hat sich unsere illustre Gruppe auf den Weg gemacht. Die blöden Blicke von anderen Wanderern, die der Gruppe (bestehend aus Hobby-Rottweiler, Windhund, Peter-Lustig-Cane Corso und Tiefer-breiter-schneller-Rauhaardackel) meist noch lange hinterher sahen, gaben meinem Dad und mir immer neues Futter für blöde Witze. Meiner Mama ging es damals nicht so gut, wir achteten also darauf, dass sie sich immer wieder setzen konnten.

Den Gelenkbus musste ich ein bisschen im Auge haben, der hatte nämlich, dem Wink des Galgos folgend, nen Knochen aus dem Müll gefischt und runter gewürgt, bevor ich den wieder aus dem Alienschlund ziehen konnte. Der war recht groß und gegrillt, meine Sorge war ein wenig, dass sich das Dingen im Darm verkantet. Also sprang ich bei jedem Kack-Vorgang des Gelenkbusses schnell zum Ort des Örtchens, um mir den Haufen peinlichst genau anzusehen. Hundehalter kennen das – andere Leute halten einen für völlig abgedreht. So am Wegesrand auf einen Haufen Scheiße zu starren und dabei wild vor sich hin zu murmeln.

Der Gelenkbus – oder seine inneren Werte – hatten sich aber noch nicht entschließen können, mir Entwarnung zu geben. Man dackelte fröhlich weiter des Weges. Auf dem Rückweg machte meine Mutter allerdings schlapp und mein Dad schickte mich mit dem Gelenkbus vor, um eines der Autos zu holen. Dem Galgo war bei dem Wetter – er war da schon etwas älter und hatte einen schweren Herzfehler – auch nicht mehr so wohl und ich ließ den einfach bei den beiden Rentnern warten. Unterhaltung in Dackelform war ja da. So ging ich also mit dem Gelenkbus frohen Mutes zurück zum Wanderparkplatz.

Keine zwanzig Meter vor dem Parkplatz musste der Gelenkbus aber nochmal dringend ins Planquadrat „Scheiße". Er hockte sich hin, drückte – und verdrehte die Augen. Oha, da geht irgendwas ab. Oder eher nicht, dem Blick nach zu urteilen. Ich trat aus der Zwei-Meter-ich-bin-genant-Zone an den Köter heran und lugte ein bisschen Richtung hinteres Drittel des Hundes. Da war er, der Knochen. Verkantet beim Rausdrücken lugte ein Teil davon unter der Rute heraus. Der Gelenkbus machte sowieso immer Theater, wenn ihm was beim Kacken stecken blieb (Haare, Grashalme, irgendwelche anderen meist langen Sachen, die die Kacke wie Girlanden aus dem Hintern hängen lassen). Und jetzt direkt das. Mit einem Blatt bewaffnet, zog ich sachte an dem Teil, ich wollte ja nix verletzen. Vorbeilaufende Wanderer grüßten, ich grüßte – konditioniert, wie ich nun mal bin – freundlich und ohne den Blick zu heben zurück. Die Wanderer starren mich an, beschließen, dass sie das Bild nicht länger sehen wollen, wie eine Frau, gebückt über ihren Hund, mit einer Hand mit einem riesigen Blatt am Hintern ihres Hundes pulend, am Wegesrand steht – und gehen weiter.

Hier konnte ich nix ausrichten, das Teil hing fest und ich schleifte den Gelenkbus zum Auto. Da ist immer ein gewisses Notfall-Set an Board. Meist Verband, diverse Salben und Desinfektionskram, Handschuhe, Rollen mit Gips und kleines OP-Besteck. Man weiß ja nie. Der Gelenkbus wurde am Auto geparkt, ich suchte mir eine möglichst glitschige Salbe raus und zog die Handschuhe mit einem lauten „Flapp" über die Finger. Salbe auf den Zeigefinger und los Richtung Hund. Der ahnte, was sich da anbahnte und kniff die Arschbacken zusammen, die Rute drüber und rien ne vas plus: nix geht mehr. Da war ich schon leicht genervt und stand mit blau behandschuhtem, erhobenem Finger, der mit Salbe gekrönt war, vor dem Hund und motzte vor mich hin. „Ey, du musst still halten, sonst komm ich da nicht rein!" tönte ich etwas zu laut über den Parkplatz. Drei Autos weiter war gerade ein Ehepaar ausgestiegen. Beide starrten mich an. Entsetzt.

Während ich mir noch überlegte, was ich wohl für ein Bild gerade abgebe, erwischte ich den Rüden an der Rute und versuchte, mit dem Salbenfinger den feststeckenden Knochen aus dem Hintern zu pulen. Der quittierte das mit weit aufgerissenen Augen und einem Satz nach vorn. Zehn Minuten, vier Wanderer und 20 beschissene „Was machen SIE denn dann mit dem armen Hund???"-Fragen später rief ich meinen Papa an, dass ich sofort zu einer Klinik müsste. Er empfahl mir die am nächsten gelegene und sicherte mir zu, dass ich erst mal dorthin fahren könne und die Truppe dann später abholen solle.

In der Klinik angekommen, meldete ich uns an. Rüde, 60 kg, Knochen quer im Rektum. Die Tierärzte hatten Spaß. Der Gelenkbus findet Arztpraxen und Kliniken super, die Leute sind immer gut drauf und haben ab und an mal Zeug in Nadeln da, das weich in der Birne macht. Es wurde beschlossen, den Köter zu röntgen. Aus reiner Vorsicht, um beim Entfernen des Knochens nicht den Darm zu verletzen. „Den können wir doch ohne Narkose, ne? Sie haben den ja im Griff!" Klar, ich schlepp gerne den etwas sperrigen 60 kg Hund auf einen Röntgentisch. „Die Frau Sowieso hilft Ihnen eben, keine Sorge!" Ne, ich sorge mich nicht. Seitdem ich den Galgo habe, ist mir noch nicht mal mehr was peinlich. Der Hund wird also wie befohlen geröntgt und es wird klar, dass der Knochen ohne Gefahr rausgepult werden kann. Das Wie überlasse ich dem Arzt, der das Röntgen angeordnet hat. Ich brauch dem Köter heute nicht mehr mit Handschuhen unter die Augen zu treten.

Fröhlich nimmt der Arzt eine Flasche Ultraschall-Gel, übergießt seine weiße behandschuhte Hand und sagt noch „Halt mal vorne ordentlich fest, ne?" Und bevor ich mich versehe, hat der die Rute vom Gelenkbus in der Hand, die andere bohrt sich in den Poppes und mit einem satten YAAAAYYYY!!! schießt mir der Gelenkbus in den Arm. Der Arzt strahlt und hat den Übeltäter in der Hand. Der Rüde ist glücklich, ziept nicht mehr am Arsch. Ich bedanke mich, zahle und gehe. Es ist immer noch bestes Wetter, der Rüde schnüffelt auf dem Parkplatz an einer Blume und findet das Leben geil. Ich bedauere heimlich alle Menschen, die keine Tiere haben. So eine lustige Wanderung haben die nie.

The Fast and the Assholedogs

Neben den Hunden hab ich ja noch so eine kleine Leidenschaft. Ne, nicht Schokolade, das ist eine große Leidenschaft. Es sind Autos. Ich mag Autos. In zwei Kategorien: Ansagen auf Reifen, die super in meinen Alltag passen und die schnellen Dinger, die einem beim Fahren die Unterarmhaare senkrecht stehen lassen.

Vor fünf Jahren musste ein neues Auto her. Der alte Windelbomber (sorry, ich mag Kombis einfach nicht. Super praktisch, ich mag sie trotzdem nicht), ein Omega, hatte mit knappen 230.000 km angefangen, aus allen Löchern zu bluten. Und mit riesigen Öl-Markierungen auf der Straße fährt es sich nicht wirklich entspannt. Finde ich.

Ein Auto muss bei mir nicht nur ordentlich was aushalten können (was an sich schon stark die Auswahl begrenzt). Nein, neben einer favorisierten Optik, Verbrauch und einer exorbitant guten Sitzheizung brauche ich: Platz. Satt. Die Arschlochköter wollen ordentlich und stilgerecht reisen. Hier muss ein Kofferraum her, wo ungefähr mindestens ein Smart drin parken kann. Rückbank, nett gepolstert und anderer Luxus ist für die fachgerechte Lagerung des Gelenkbusses auch extrem wichtig. Frauchen hat es gern was höher, also fallen so bodennahe Ruhrpott-Schleudern direkt aus dem Beuteschema. Sorry an die Ruhrpottler – jeder, wie er mag. Wenn ich schnell fahren will, quassel ich nen Bekannten von mir ohnmächtig und fahr eins seiner Autos. Keine Straßenzulassung. You know?

Mit meinem Sack an Dos gehe ich also vor besagten fünf Jahren los. Mein Papa (Obacht, da isser wieder! Der Gute!) sagt, bei seinem Hyundai-Händler würden adäquate Kutschen für unsereins herumstehen. Mit Papa, meiner Liste und den Hunden im Gepäck rattern wir also auf den Hof. Die Leute dort sind bisher den netten, freundlichen älteren Herrn gewohnt und freuen sich. Noch.

Ein Verkäufer kommt auch strahlend angerannt. Immerhin hat Papa dort einen Neuwagen mit allem Schnick und Schnack bestellt vor einigen Monaten. Es wird Großes erwartet. Ich steige aus dem Auto. Das Lächeln des Verkäufers friert leicht ein. Ich stelle mich vor, lasse die Hunde aber im Auto. Den Spaß hebe ich mir für später auf. Mir werden drei Autos angepriesen (wenn man kauft: immer Rennpferd. IMMER), darunter ein Kombi, den ich direkt mit einem lauten Heben der Augenbraue ablehne.

Der Verkäufer spurt, das freut mich. Wir bleiben bei zwei Santa Fes hängen, ein dritter ist auch noch da (natürlich der geilste, rein optisch. Nur außerhalb meiner selbstgemalten Geldscheine). Nach längerem Hin und Her (Ausstattung wird durchdiskutiert. Also, Verkäufer diskutiert, ich nicke oder hebe Augenbraue) stelle ich meine Frage aller Fragen: Mach mal Kofferraum auf. Wie groß?

Verkäufer flitzt los, Klappe geht auf und findet direkt mein Wohlwollen. Platz satt. Gekauft. Wieso ich denn so auf den Kofferraum achten würde, fragt der Verkäufer aus gebührendem Abstand. Gelernt hat er schnell, der Mann. Muss man ja sagen. „Ich hab Hunde." Die Antwort verzückt, mein Papa grinst in sich hinein und flieht vom Ort des Geschehens. Er weiß, was kommt. „Ach ja, da bekommen Sie mindestens vier rein! Wenn nicht sogar fünf!" strahlt das Verkäuferlein. Ich strahle in mich rein. Jetzt. „Was meinen Sie, was ich für Hunde habe?" Oha, das Lächeln friert ein wenig ein. Er hat anscheinend mit so einer Hupe, wie mein Papa sie sein Eigen nennt, gerechnet. „Ja, so Hunde halt." Und hält seine Hände in die Luft, die ungefähr einen Kleinpudel rein optisch abbilden würden. Mein Auto steht in der Nähe, ich laufe stumm hin und öffne die Heckklappe. Der Galgo und der Gelenkbus grinsen aus dem Kofferraum, feist in Form gepresst. Die Köpfe plöppen raus, der Galgo wedelt eine Kopfstütze beiseite (war eh schon kaputt) und der Gelenkbus seihert erst mal nen Liter auf den Neuwagenparkplatz. Dann eine kurze Rudi-Völler-Befreiungsnase hinterher, man muss ja die Atemwege frei haben für die ganzen Gerüche hier. Hinter mir erfriert ein Verkäufer. Ich muss mich nicht umdrehen, um es zu hören.

„Fünf davon wird schwierig. Denke ich." Er versucht ein Verkäufer-Lächeln und ringt um Fassung. Die Damen, die bei dem Händler im Verkauf arbeiten, schießen aus der Tür und wollen knuddeln. Die Hunde.

Papa hängt lachend hinter seinem Auto. Der Arme hat Asthma und muss schnellstens sein Spray haben, sonst stirbt der mir noch auf dem Parkplatz weg. Und das würde dann auch den Verkäufer umbringen. Die Hunde werden von den Ladys des Autohauses durchgepuschelt und ich suche Papas Asthmaspray. Wie üblich hat er so lebenswichtige Dinge hinten links unter einem Haufen von „Muss noch sortiert werden" versteckt. Wäre ja langweilig ohne so einen feisten Erstickungsanfall und Medikamente direkt am Mann.

Das Auto hab ich übrigens dann damals gekauft und es ist bis heute bei mir. Ausgehalten hat es tatsächlich eine Menge. Wir sind nun schon 170.000 km und drei Hunde lang zusammen. Nur der Kofferraum, der musste leiden. Den hat eine Galgo-Mali-Mix Hündin, die ich mal zur Pflege hatte, geschrottet. Durch den Maulkorb hindurch, den die tragen musste, weil die ziemlich gut und schnell Dinge pulverisieren konnte. Dass das auch mit Maulkorb geht, weiß ich seitdem auch.

Letztens war ich, inzwischen im Autohaus bekannt, weil die auch ´ne grandios gute Werkstatt haben, zwecks Probefahrt eines neuen Gefährts dort. Der alte SUV schwächelt hier und da. Außerdem hätte ich gern mehr Leistung. Schub, Rakete. Einen Todesstern auf Reifen. Und den irren Plan, einen noch größeren Kofferraum mit SUV drum herum zu finden, hab ich ja nie aufgegeben. Genau sowas steht grad bei den Arschlochhund-puschelnden Ladys auf dem Hof.

Als ich den Verkauf betrete, lächelt mich eine Verkäuferin an. „Frau Hachmann! Haben Sie die Hunde bei? Der Wagen ist fertig für die Probefahrt und steht dort – Kofferraum ist bereits auf!" Sie gibt mir alle für mich relevanten Daten zum Auto, drückt mir den Schlüssel in die Hand und grinst. Ich grinse auch.

Endlich ´ne Frau, mit der man arbeiten kann.

Deine Mudda!

Letzten Samstag war ich bei einem Schäferhund-Verein eingeladen. Ortsgruppe. Dieses Wort alleine bringt ja schon mal
pauschal mindestens 50 Prozent der Internetgemeinde auf
den Plan. Das sind natürlich (Achtung: Schubladengesetz!)
alles „Tirkwehler". Alle. Jeder, der einen Deutschen Schäfer-
hund auf eine gemähte grüne Wiese mit Zaun drum herum
zieht, hat automatisch mindesten vier Stachelhalsbänder um
den Hund gebunden und heimlich auch noch einen Teletac
irgendwo am Hund versteckt. Der steht selbstverständlich auf
„Well Done" und das arme, bissige, total desolate Schäfertier
wird bei jedem Atemzug einmal kräftig durchgegrillt. Wahl-
und planlos. Weil: Isso.

Nun weiß ich aber aus heimlichen Studien, dass in den
Ortsgruppen total nette Leute mit ihren Hunden trainieren. Manche für den großen Sport, manche nur so. Damit
der Hund Spaß hat. So bin ich übrigens auch an mein erstes Mal in einem SV gekommen. Damals, als der Gelenkbus noch groß werden wollte und er neben dem Galgo des
Grauens noch aussah wie ein kleiner, fetter Buddha. Da ist
er in Düsseldorf-Reisholz über den schön gemähten Rasen
gerollt und hat das Fahrsicherheitstraining für Jung-Busse
bekommen. Wenig später hat man dann festgestellt, dass der
schnellwüchsige Omnibus massiven Spaß an dem Training
hatte und es wurde fortgeführt. Diese OG ist bis heute mein

Zuhause – die Hunde fühlen sich mega wohl und können ihren Trieb gesteuert und trainiert ausleben. Ich kann Kaffee trinken und nen guten Eindruck schinden. Zählt ja auch irgendwie. Und außerdem grillen die regelmäßig. Totschlagargument für mich.

Also bin ich natürlich der Einladung der OG in Dorsten sehr froh gestimmt gefolgt. Ersten Recherchen zufolge soll dort ein Helfer mit Namen „Borat" sein Unwesen treiben. Das hab ich dem Gelenkbus erzählt und er hat direkt wohlwollend den Himmel im SUV vollgesabbert. Der Faden hängt übrigens immer noch, Helge! Den tacker ich dir beim nächsten Mal im Haupthaar fest. So als Styling-Idee.

Nach einem wirklich super netten Empfang hab ich erst mal die Superstars auf dem Gelände außerhalb des Platzes gelüftet. Man will ja doch irgendwie Benehmen demonstrieren können. Also mindestens sollten die Hunde nicht direkt auf das Trainingsgelände scheißen. Hielt ich für nen prima Plan. Beide Tölen haben direkt Lunte gerochen. Kaum erspähen die Molosser-Fernrohre eine A-Wand oder ein Holzversteck, wird mein Auto zum Konzertsaal. Nach einer halben Stunde draußen, Kaffee trinkend und erst mal Klönschnack haltend, hatte ich auch meine volle Hörfähigkeit wieder.

Der Helfer, Borat-Helge, hat sich meiner angenommen und ist als Erstes todesmutig mit dem Gelenkbus und mir auf den Platz. Erstaunlicherweise hat der Gelenkbus direkt wieder so viel Spaß gehabt, dass er im Fuß wieder geschielt hat wie Clarence, der Löwe. Das kann ich nicht. Ich muss dann immer lachen. I-M-M-E-R. Jede Prüfung werde ich verkacken, wenn der Rüde neben mir läuft, astrein am Bein, Blick hoch und vor Aufregung schielend. Da breche ich zusammen. Tena Lady kann das nicht mehr halten. Bevor ich also unter mich mache, hab ich Borat-Helge gebeten, den Hund mal kurz zu übernehmen. Hat er auch super gemacht. Der Hund übrigens auch. Borat-Helge bringt mir den Gelenkbus wieder…und ich muss mir auf die Unterlippe beißen. Fest. Sehr fest. In den schön gemachten Haaren, direkt an der Stirn, seilt sich aus Borat-Helges Frisur ein Sabberfaden langsam nach unten. Verzweifelt versuche ich, nicht laut loszulachen. Borat-Helge ist irritiert und ich kläre auf. Leider erwischt er nur Teile des Molosser-Kleisters de luxe und ich muss die nächsten Minuten hart an mich halten. Nicht nur das Lachen. Der Gelenkbus schielt in seiner Begeisterung vor sich hin, dem Helfer tröpfelt die Sabber aus dem Haar – alles schick.

Bevor ich endgültig nen internen Asthma-Anfall erleide, beenden wir das Training mit dem Gelenkbus. Der muss eh auf seine Knochen achten, also kommt der Todesstern auf den Plan. Normal ist sie ja recht merkwürdig gänzlich Fremden gegenüber. Hier fühlt sich die Hobby-Uschi aber bestens und pflastert, kaum losgelassen, erst mal mit dreitausend über den riesigen Platz. Wenn die denn Lunte riecht und weiß, auf was für einer Wiese die ist, dann ist Polen offen. Aber richtig. Ab und an schreddert sie mal in ihrer unnachahmlichen Distanzlosigkeit zwei Millimeter am Borat-Helge vorbei, traut sich aber noch nicht voll rein zu brettern.

Im Training ist der Todesstern wie immer wesentlich schneller als ich (mein Drogenkonsum beschränkt sich leider Gottes nur auf Zigaretten. Ich sollte mal dasselbe nehmen wie die. Echt jetzt). Sie macht ihre Sache wie immer gut, ich bestätige und schmeiße ihr Spielzeug. Borat-Helge bewundert, wie elegant sie in Maulwurfhügel einschlagen kann. Insgesamt hat der Todesstern den erhofften Spaß und der Gelenkbus schreit im Auto, dass er auch nochmal will. Am besten jetzt.

Es war ein toller Tag bei euch in der OG in Dorsten – und ich hoffe, wir sehen uns öfter! Borat-Helge und Fritz haben da, glaube ich, noch was offen. Irgendwas mit Sabber.

Das junge Arschlochtier und das Meer

Die meisten fahren einmal im Jahr in den Urlaub. Es gab Zeiten, da war ich tatsächlich auch so drauf und bin nebst Exmann und Kind mit den geliebten Arschloch-Tölen gen Erholung gereist. Alleine den ganzen Haufen samt Klamotten, Futter und Gedöns in ein Auto zu quetschen, hat was von Tetris – wenn man nicht gerade einen eigenen Bus besitzt. Hatten wir damals nicht, also quetschen. Ich bin dank meinem hauseigenen Rentner, meinem Vater, ziemlich gut geschult, sehr viele Dinge in sehr kleine Räume zu puzzeln. Das Autobeladen hat der mir ebenso gründlich beigebracht wie das Autofahren. Und Dackel zusammenscheißen, wenn man die wieder aus dem Erdloch rausgebuddelt hatte. Verstrahlt grinsend, am besten noch mit einem Kilo Wurzeln um die kurzen krummen Beinchen gewickelt.

So sind wir dann, alle in Form eines Opel Omega gepresst, zu einem Urlaub an die Nordsee aufgebrochen. Unterhaltung pur für alle. Der Exmann wurde direkt beim Hochseeangeln abgegeben, das Kind erprobte erste Fähigkeiten im Melkstand und auf dem Trecker bei Freunden mit Milchviehbetrieb. Ich schnappte mir den Galgo des Grauens und den Gelenkbus mit dem Plan, an den Strand zu fahren. Meer schreibe ich da etwas vorsichtiger. Meine Wenigkeit weiß, dass an der Nordsee nämlich das Meer auch mal nicht da ist. Das zudem noch regelmäßig, die Einheimischen haben da sogar Fahrpläne. Meer da, Meer weg. Nennt sich Gezeitenkalender oder Tidenplan. Das überrascht den Bewohner jenseits vom Weißwurstäquator in einer herrlichen Regelmäßigkeit. Manchmal könnte man denken, dass sowas nicht Teil vom Schulunterricht ist.

Am Strand angekommen, war alles schick – und das Meer grad abwesend. Eine schier endlose Fläche, gespickt mit frischer Brise. Das lässt meine Gene tanzen und ich fühle mich absolut wohl, mehr brauch ich gar nicht. Ab und an Schokolade oder ein vorbeifliegendes Steak und das Leben ist perfekt.

Der Gelenkbus war zu dem Zeitpunkt noch ein richtiger Junghund. Zarte 45 kg hatte er damals und groß war er maximal 60 cm. Ein goldiges, junges Hundekind. Verstrahlt debil grinsend, schaute er auf den Strand, es war zu dem Zeitpunkt sein allererstes Mal am Meer. Dem Galgo konnte ich nix vormachen, den habe ich direkt nach Einzug bei mir mit in einen Urlaub nach Terschelling genommen. Der hatte Plan, wusste, was zu tun ist. Die große Galgo-Genetik besagt: Siehst du eine freie Fläche, musst du die Augen zusammenkneifen, einen Punkt in der nächsten Galaxie fixieren (der große Hase ist ein super Anhaltspunkt) und: Gas geben. Geradeaus rennt jeder Hund schnell, Galgos flitzen mit irrsinnigen Haken, feist grinsend (glaube ich, kann man nicht mehr erkennen, wenn die mit 120 Sachen an einem vorbeifliegen) innerhalb von 3,5 Sekunden über eine Fläche von drei Kontinenten.

Also tat His Gomezness, was er tun musste. Augen zusammengekniffen, mir noch freundlich zugenickt und schon hatte ich einen Hund weniger. Irgendwo am Horizont machte ich einen Kondensstreifen aus, der ähnlich aussah wie eine rennende Rippe mit Rute dran. Der Gelenkbus wollte auch. Sah mich an, drückte die zierlichen 45 kg in den Sand und galoppelte los. Ich dachte mir noch nichts, als er Richtung Watt Fahrt aufnahm. Raus aus dem losen Sand, rein in den nassen und festeren Sand. Oha, Gelenkbus kann beschleunigen. Die Masse lässt sich nicht mehr halten. Was ich ein bisschen verdrängt hatte, war die Tatsache, dass dieser Strandabschnitt bekannt ist für extrem tiefe Schlickbereiche. Schlick ist das, was dich mal eben nen halben Meter nach unten sacken lässt und beim Fluchtversuch immer noch ein Stück weiter reinzieht. Gerne an scharfkantigen Muscheln vorbei.

Da der Wind gerade alle Murmeln im Schädel vom Gelenkbus auf das vom Wind abgeneigte Ohr gefegt hatte, konnte der mich auch nicht hören. Eine Seite Windgeräusch, andere Seite dicht mit Murmeln. Knete rutscht auch noch nach, Hund ist taub. Und rennt weiter, mit riesigen Galoppsprüngen in Richtung Schlick. Der Galgo taucht am Horizont auf und schießt wie eine Kanonenkugel auf uns zu. Gelenkbus will fangen spielen, nimmt Anlauf und springt.

Amüsiert sehe ich, wie ich auf einmal nur noch einen halben Hund habe. Der vordere Teil hängt sicher eingeschlagen im Schlick, der hintere Teil steht steil in der Luft. Die Hinterbeine feudeln in der Luft herum. Gelenkbus ist auf Grund gelaufen. Der Galgo erschreckt sich im Vorbeifliegen und fällt stumpf auf die Seite. Auch in den Schlick. Der kann aber alleine wieder aufstehen und sieht ziemlich bescheuert aus. Einseitig mit Schlick paniert, ein riesen Auge guckt entsetzt aus grünem Modder. Das andere Auge guckt genauso entsetzt, ist aber sauber.

Da ich befürchte, dass der Rüde stumpf stecken bleibt, weil er darauf wartet, mal wieder von mir befreit zu werden, gehe ich mal schauen, wie schlimm es bei dem ist.

Natürlich sacke ich selbst auch ein, aber immerhin springe ich nicht mit nem Köpper neben den Hund. An der Rute kann ich ihn mit einem kräftigen PLÖPP aus dem Schlick ziehen. Der Rüde grinst mich unter einer dicken Schicht Schlick an. Ich kratze ihm ein paar Muscheln aus der Lefze und er schüttelt sich vor Freude. Ich sehe nun aus, als ob ich mit einem Kärcher versucht habe, eine Beautymaske aufzutragen. Die Menschen am Strand hinter mir schweigen mit allergrößter Mühe.

Den Hunden ist es egal, jetzt sind die Kinder eh wieder schmuddelig, also wird Gas gegeben.

Ich beschließe, den Tag als Pipi Langstrumpf Edition „Mega-Sommersprosse" zu beenden und schaue den Kötern einfach aus angemessener Entfernung beim Spielen zu.

Ebbe ist doch großartig, oder?

Der will nur spielen!

Es gibt ja so großartige Tage, wo man die Scheiße anzieht wie ein Magnet. Ich habe die öfters mal. Mein Chakra ist dann offen wie das Schengen-Abkommen und bittet demütigst jeden, meine leicht buddhistische Ader bis aufs Äußerste zu testen.

Dieses leicht genervte Gefühl kennt wahrscheinlich jeder. Irgendwie läuft alles nicht richtig rund. Man kommt nach einem komischen Arbeitstag nach Hause und will mit den Hunden einfach nur dem Alltag wegspazieren. Alleine. Seele lüften und den Hunden beim gepflegten Arschlochtun zusehen. Ohne weitere Statisten.

Wenn ich mal einen solchen Tag habe, fahre ich gern in Gebiete, wo die Chance auf andere Menschen relativ gering ist. Jeder kennt allerdings auch das Gesetz von diesem ominösen Murphy – wenn man auf der augenscheinlich sicheren Seite ist, kommt es richtig dicke. So fuhr ich vor einigen Tagen nach einem kurzen, aber anstrengenden Tag mit den Arschlochern in den Wald. Geheimer Geheimplatz, nur drei Parkplätze, alle leer. Arschlöcher aus dem Auto geholt und losgelaufen. Auf dem ersten Matschweg kommt mir die Idee, dass ich mich vielleicht doch noch hätte umziehen können: Weiße Turnschuhe (ok. Halbweiß. So wie Gips. Aber mit Totenkopf), saubere Jeans, Wollmantel, Haare immer noch in astreiner Hochsteck-Frisur. Mit Nadeln drin, die im Hirn feststecken.

Ändern kann ich das jetzt auch nicht mehr, also weiter. Muss der SUV halt nochmal zusätzlich als Schuhputzer herhalten – falls ich dran denke.

Der Todesstern ist fröhlich, das Planquadrat, wo wir unterwegs sind, verheißt grundsätzlich Unterhaltung ganz nach ihrer Laune. Kaum von der Leine, schießt die Kanonenkugel los wie eine Cruise Missile. Der Rüde hat das noch nicht gecheckt und ist mit nach oben gestrecktem Kopf damit beschäftigt, die Molekularstruktur des Mischwaldes per Lungenanalyse zu observieren. Er atmet so tief ein, dass ich kurz überlege, ob er jetzt lieber Heißluftballon sein will und gleich sachte von dannen schwebt. Kurz vorm Platzen der Lungen hält er ein, guckt mich an. Ich sehe die Murmeln. Sie fangen an zu kreiseln. Verdammt. Er atmet aus – Befreiungsnase. Der gesamte Rotz, den der beim Einsaugen eingeatmet hat, landet auf dem Büromantel. Schöner Koksen. Auch wenn ich schon lange mit den ganzen Auswürfen von dem Vieh lebe, ekelt es mich manchmal schon ein wenig. Der Mantel sieht nun ein bisschen aus wie von Desigual. Fetter Auswurf aus Molossernase, angeordnet wie ein Paintball-Aufschlag. Mit spitzen Fingern zieh ich eine Ecke hoch um zu schauen, ob da eventuell tote Eichhörnchen oder Fledermäuse in dem Rotz-Mandala auf meinem Mantel kleben. Der Rüde grinst und schippert los. Er hat nen Auftrag.

Motzi verbellt mir aus sicherer Entfernung, dass da Sauerstoffdiebe des Weges kommen. Rute ist auf drei Uhr eingerastet, also kommen die wohl von einem Nebenweg auf uns zu. Zwischen dem Todesstern und mir ist eine riesengroße Matschlache. Da steht der Rüde mit seinen Schuhgröße 46–Pfoten drin und hat beschlossen, den inneren Tank erst mal mit Brackwasser aufzufüllen, bevor er sich um das kümmert, was der Todesstern da ankündigt. Der Könich hat da Prioritäten.

Ich rufe den Todesstern. Der Todesstern hat heute Laune und kommt direkt zurück. Manchmal freue ich mich ja, dass diese Trainiererei mit Abruf und dem ganzen Kram doch irgendwo in der Glitzerknete einen bleibenden Platz gefunden hat. Wenn die Murmeln in dem Hundeschädel nicht grad wieder drüber rollen, versteht sich. Ein wenig laufe ich der Todes-Uschi entgegen, ich kenn die ja. Die bricht auch mal den Rückruf selbständig ab. Kommt als Täuschungsmanöver zuverlässig zurück und sobald ich stolz bin, das Kackvieh aber noch nicht an der Leine habe, schlägt die nen rechten Haken und ist auf nimmer Wiedersehen weg. Konditionierung vom Halter in Reinform.

Also stehe ich am Rand von dem Matschsee. Waldmatsch, der den recht breiten Weg teilt. Der Rüde säuft immer noch. Blätter zieren die Sabberfäden, ein paar Tannennadeln hängen an den Lefzen. Ich muss an diese altdeutschen Gemälde mit den Hirschen im Wald denken und stelle mir vor, dass mal jemand den Rüden so malen könnte. Mit sämtlichem Zierwerk an der Fresse, was grade so da dran hängt. Wäre bestimmt ein Renner.

Der Todesstern ist nun kurz vor Einschlag. Was ich nicht so berechnet habe beim Rückruf und dem Hund entgegen gehen ist der Fakt, das Motzi durchaus gerne mit ner Arschbombe in so Matschtümpel fliegt. Scheiße.

Aufschlag in 3 – 2 – Bin daaaaa! Flatsch. Der Rüde ist sauer. Ich bin nass. Die Hündin grinst und freut sich. Natürlich mit der Rute im Wasser. Bevor ich die packen kann, greift das Gesetz der Glitzerknete und sie schmeißt sich nochmal in die Pfütze, um sich zu wälzen. Was bisher an mir noch in kleinen Flächen halbwegs sauber war, hat nun eine Dekoration aus verfaulten Käfern, Blättern, Zweigen und irgendwas mit Eicheln. Leise tropft mir der Schlamm aus der immer noch perfekt sitzenden Hochsteckfrisur. Der Rüde will mir sagen, dass er nicht nur innerlich nass ist und kommt näher. Er bellt mich an. Der spuckt übrigens ziemlich beim Bellen.

Ein paar Meter von uns weg schießt so ein fluffiger, schöngeföhnter Tutnix auf die Bühne des Waldes. Der Ruf des Halters ertönt in der Szene – Vögel hören auf zu zwitschern. „DER WILL NUR SPIIIIEEELLLLEEEEN!". Bevor meine auch nur den Plan fassen können, auch SPIIIIELLLEEEN zu wollen und ich wieder einen 8 kg-Hund aus den Pfoten vom Gelenkbus kratzen muss (weil der wieder drüber gelaufen ist beim Versuch, zu bremsen), haben meine die Leine schnell dran. So wie in Matrix. Das hab ich inzwischen voll drauf.

Der Halter kommt um die Ecke. Und kann anscheinend recht gut sehen. Also, weit sehen. Das Bild, was er da erspäht, scheint in ihm Unbehagen auszulösen. Mitten im Wald steht eine ziemlich große Frau. In Büroklamotten. Über und über mit Matsche dekoriert, an einem Matschtümpel. An den Füßen glitzern Reste von weißen Schuhen, aus der Frisur tropfen Waldutensilien. Zwei riesige Köter, schlammig, sabbernd, ebenfalls tropfend, stehen rechts und links neben der und starren den fluffigen

weißen Tutnix an, der freudestrahlend auf dieses illustre Stand-
bild zuläuft.

„Alda! HIAAAA!!!!"

Der Tutnix hört tatsächlich und wird von dem hektischen Halter an die Leine geschnallt und weg gezerrt. Ein „Sorry!" brüllt
der mir noch hinterher.

Das ging ja einfach. Nur dauerhaft möchte ich wirklich nicht
so rumlaufen. Obwohl…

Asshole Driver

„Du laberst mich an? DU laberst mich hier an?" Genau so war der Todesstern heut drauf. Keine Ahnung, ob die wieder mal in irgendeinem Hormon-Status ist, den ich noch nicht gepeilt habe. Oder die Lieblingsfarbe der Glitzerknete ist grad aus. Lieferschwierigkeiten. Irgendwie hat die Hündin heute etwas mit der Realität gehadert.

Bei der morgendlichen Runde war die schon ein bisschen grenzdebil, bin ich aber morgens auch. Also fällt das „unter ferner liefen". Irgendwie scheint heute Nacht ein Ufo gelandet zu sein, denn laut Motz´scher Theorie hat mindestens hinter jedem Grashalm mindestens ein gruseliger Alien auf sie gewartet. Den Gelenkbus hat das Ganze – vom Heraustreten aus der Tür übers Gassi gehen bis zum Betreten der Couch – voll nicht interessiert. Der ist im Moment eh in einer Sphäre unterwegs, wo ich mir entweder Sorgen machen muss, weil er vielleicht dement geworden ist oder mich freue, weil der einfach nur cooler als sonst ist. Spätestens zu dem Zeitpunkt, als wir über den Zebrastreifen mussten, um die Straßenseite zu wechseln, hätt ich den Todesstern erschlagen können. Die ist mir, weil sie sich grad mal eben vor dem Auto (grad erst materialisiert, das Teil. Unglaublich) erschrecken musste, mit Volldampf in die Knie gehüpft. Meine Sollbruchstelle. Somit konnte ich dem wartenden (leider gutaussehenden) Autofahrer mit einer schicken Tanzeinlage die Wartezeit am Zebrastreifen versüßen. Two-Step mit einem flüchtenden und einem stehenden Cane Corso, garniert mit schmerzverzerrter Frau und Leine. Muss top ausgesehen haben, die Nachbarn waren ein bisschen aus dem Häuschen. Nur für Wertnoten war es noch zu früh, verdammt aber auch.

Auf unserem üblichen, vorgeschriebenen Spazierweg zum Planquadrat „Scheiße" ging es munter weiter. Entweder steht das schwarze Scheißvieh – oder es flüchtet. Vor was die genau geflüchtet ist, weiß ich immer noch nicht. Haare hatte ich gekämmt, Gesicht war auch in Ordnung, Klamotten sauber. Und der Rüde hat es ja auch neben mir ausgehalten. Leidend, aber ausgehalten.

Während der Todesstern also schön die ganze Zeit mit Karacho ins Halsband brettert (Leinenruck macht die lieber selbst. Knallt besser, ich mach das nicht richtig. Sagt sie), hängt mein rechter Arm ständig wie ein Fahnenmast nach hinten. Der Gelenkbus muss da noch was analysieren. Er hat bei Ausgrabungen (Gesicht flach auf die Erde gedrückt und eingeatmet) antike Ameisenwege gefunden. Bestimmt eine Art Seidenstraße oder sonstiger Handelsweg. Dafür muss man Frauchen auch mal kurz anhalten. Der lässt dann einfach die Nackenmuskulatur los und den Kopf nach unten schnacken. Und steht. Und wenn der steht, dann steht der. Versuch mal, einen Kampfpanzer mit der kleinen, lilafarbenen Leine in Bewegung zu zerren. Da hilft die Farbe auch nix mehr. Du hörst zwar noch, wie du der Töle sämtliche Luftzufuhr abschneidest (schnarch röchel....RÖCHEL...) – bringt aber nix, der steht. Die Analysen! Frauchen, die Analysen. Einmal guckt der schräg nach oben, nämlich genau zu dem Zeitpunkt, wo mir der Todesstern schon wieder in

die Knie springt. EY VOGEL! DA! BAUM! GELANDET! Wir sind
verloooooooren!!!! DAAAA!!!

Ich hab den Kaffee auf. Der Todesstern geht mir auf den Sack.
Und zwar gehörig. Der Gelenkbus kriegt ne Ansage – und er
hört auch aufmerksam zu. Immer noch mit seinen Ausgrabungen beschäftigt. Irgendwann schleife ich die beiden fluchend
wie ein Pirat (und auch mit ähnlichem Gang, der Rüde lässt
sich heute ziehen und Todesstern...lassen wir das) wieder nach
Hause. Der freundliche, alte Herr, der uns ab und an mit seinem
Rollator entgegen kommt, lächelt mich an. Immerhin.

Nachmittags kriegt der Todesstern direkt mal sein Wander-
geschirr mit doppelter Taschenbeladung an. Dann kommt die
erst gar nicht auf doofe Ideen, und Ersatzknete haben wir dann
auch dabei. Falls mal wieder welche aus den Ohren fällt.

Der Plan geht auf, Todesstern ist damit beschäftigt das Gleich-
gewicht zu halten und hüppelt nicht mehr von A nach B (und
auch nicht mehr in meine Knie). Die hat ´nen Auftrag, und der
heißt bei uns „Go Pull". Also got die und pullt. Der Rüde ist
not amused, der muss nämlich mitlaufen in dem furchtbaren
schnellen Spaziergeh-Schritt. Ein König schreitet, Frauchen.
SCHREITEN. Nicht rennen.

Eine Katze huscht über den Weg.

Den Könich interessiert sein Gewäsch von vor einer Sekunde
nicht mehr und gibt Gas. Während sein V6 Motor noch mit
Leistungsaufnahme beschäftigt ist, freue ich mich, dass der
Todesstern, dank an Halsband und Geschirr befestigter Leine,
einen Top Kaltstart hinlegt. So kann man mich nämlich mit dop-
peltem Schub nach vorne wegfetzen, ist ja ein ZUG-Geschirr.

Ich überlege mir im Beschleunigt-werden noch, ob ich mich ins Gras fallen lasse oder lieber eine coole Gesichtswunde mitnehme. Den Gedanken verwerfe ich allerdings direkt wieder, da der Gelenkbus einen Richtungswechsel eingeleitet hat und meinen Sturz abfängt. Zumindest halb. Halb auf den braunen, geifernden und „KATZE!" schreienden Haufen gestützt, kriege ich den Todesstern wieder ordentlich zu packen. Glück gehabt. Katze steht auf der Straße und zeigt alle Mittelkrallen und guckt „Deine Mudda". Die Nachbarn sind begeistert, erneut Höchstnoten – und sogar ohne Abzug in der B-Note. Hatte diesmal auch ordentliche Schuhe an.

Pansen zum Frühstück

Als Hündin wird man dieser Tage ja im Normalfall läufig. Zumindest in der Hundewelt. Der Frühling naht, die Rüden sehen proper aus, nachdem die evolutionär bedingt den ganzen Winter über nur im Haus waren und sich vollgefressen haben. Da muss man doch direkt wuschig werden. Also nix wie her mit den Hormonen. Kann man den Haltern auch geil mit auf die Nerven gehen.

Persönlich finde ich mich ja schon immer ein kleines bisschen strange, so rein unter PMS-Gesichtspunkten. Diverse Knetmännchen suggerieren mir, dass es ein prima Tag ist, um ein frittiertes Pony und eine Schubkarre Majo zu Mittag zu sich zu nehmen. Der obligatorische Nachtisch, drei Kisten extra eingeflogene Ragusa Blond aus der Schweiz, sollte den Magen bis zum Kaffee und Kuchen beschäftigen.

Ist irgendwie bei den Hündinnen nicht so ganz anders. Finde ich zumindest. Immer, wenn der Todesstern im PMS ist, legt die mir abends ihre Mahlzeitenwünsche für den nächsten Tag in die Personalküche. Da steht dann mal „mittags: Marzipan-Rinderpansen mit Schokoladen-Leberwurstknödeln an Anchovi-Blättermagenreduktion, begleitet von Hirn einer jungen tasmanischen Ziege. Den Nachtisch nehme ich im Auenwald ein, keine Störungen bitte." Den Blick, den die mir zuwirft, wenn ich dann morgens einfach die Hundewurst in den Napf werfe (Kantinenkoch wäre mein Traumberuf übrigens): unbezahlbar. Eigentlich müsste ich schon seit Jahren tot sein.

Da überlegt man doch auch mal gern etwas länger, wieso die Evolution – also rein vom Nerv-Faktor – keine größeren Pfannen hat wachsen lassen. Mit denen man solche Gedanken glattklopfen kann. Mein Kaffee duftet also still vor sich hin, während der Todesstern die rituelle Napfverschiebung beginnt. Um die Ohren der Nachbarn zu schonen, hab ich da so geräuschdämpfende Dinger drunter gemacht. Sieht auch lustiger aus, wenn die sich, wütend auf mich und meine Kochkünste, quer durch die Wohnung selbst schüssel. Ein weiterer, unschlagbarer Vorteil: Filme ich das, krieg ich keinen Shitstorm. Hab den Napf nicht in der Hand gehabt. Bauernschläue kann ich. Trotzdem wird das kredenzte Mahl reingesaugt, als ob ich die niemals füttern würde. Aber mit vorwurfsvollem Blick und Stift in der Pfote. Falls ich doch mal einen Tierschutz-Horst in die Wohnung lasse, wird die auspacken. Befürchte ich. Dem Gelenkbus ist seit „Eier ab" alles egal, Hauptsache schmeckt irgendwie Richtung Pansen, Steak oder Nudeln mit Rahmsoße. Und sein Napf ist auch in so einem Baugerüst verankert, damit dem armen Kötern beim Fressen nicht die Krone vom Dach fällt. Atmen, auf allen vier Pfoten stehen und Essen sind für die Herren der Schöpfung als Handlung in einer Sequenz genug. Statische Berechnungen sollten dabei dem männlichen Hirn nicht auch noch abverlangt werden.

Meine Kaffeetasse hat ein Loch und ich gehe in die Personalküche für einen Free Refill. Die Biotonne (Gelenkbus) und der Restmüll (Todesstern) haben fertig. Status der Verdauung wird auch noch bekannt gegeben, beide kommen artig nacheinander zu mir und rülpsen mir eine neue Frisur. Die Biotonne verschluckt sich kurz und rotzt mir im Hals hängengebliebene Möhrenreste vor die Wollsocken. Wir starren beide auf den Auswurf. Der Rüde kann es nicht fassen, dass in dem Zeug, das er frisst, Möhren drin sind. Scheiß Personal. Er nimmt seine Krone und trollt sich Richtung Thron-Sofa. Der Todesstern hat immer noch Hunger und saugt das soeben ausgewürgte Möhrengewöll vor meinen Augen ein. Ich stelle mir sowas bei Menschen vor und mir wird schlecht. Gleichzeitig kommt die Erleuchtung, warum nix zweibeiniges Männliches hier einziehen darf. Rein davon abgesehen, dass sowas morgens Bilder machen könnte, wenn bei mir des Nachts mal wieder der Frisör von Lady Gaga da war und sein Lebens-Meisterwerk auf meinem Kopf kreiert hat. Ich möchte einfach keine weitere Gewöllkotze in der Küche haben.

In diesem Gedanken gefangen, setze ich mich mit meinem nächsten Kaffee zum Gelenkbus auf die Couch. Er seufzt tief. Zumindest gehe ich davon aus, dass ich vor seinem Kopf sitze. Sicher bin ich mir allerdings nicht.

Rückruf – leicht gemacht

Wenn ich Rückruf höre, muss ich leider immer noch unweigerlich an Produktrückrufe denken. So ähnlich ist es auch bei meinen Hunden. Der Galgo des Grauens war ein Produkt, das jahrelang wie ein durchgeknallter ferngesteuerter Helikopter hinter Hasen her ist. Platine durchgebrannt. Was tut man also in so einem Fall, wo der Hersteller Sollbruchstellen ins Hirn gepflanzt hat? Richtig, man ruft das Produkt zurück. Problematisch bei den ferngesteuerten Helikoptern ist nur, dass die meistens gar nicht zu den Herstellern zurück wollen. Wenn die einmal Gas gegeben haben, müsste man das Zusatztool „Dezibel-Brüllaffe" mit eingekauft haben. Was man in den meisten Fällen nicht getan hat, denn so ein hochsensibler Helikopter soll ja nicht angebrüllt werden. Sagt der Psychologe des Helikopters. Schlecht fürs Karma.

Man ruft also jahrelang sein entfleuchtes Produkt zurück. Hat man Erfolg und es kommt tatsächlich zurück (meistens, wenn der Hase des Begehrens direkt schneller war, ein Zaun den Spaß gebremst hat oder der Helikopter schlicht und ergreifend abgestürzt ist), sollte man den Helikopter keinesfalls beschimpfen oder sonstige negative Emotion zeigen. Der Helikopter wird denken, dass es falsch war, zum Hersteller zurück zu kommen.

Für meinen Galgo-Helikopter habe ich sage und schreibe nur sechs Jahre gebraucht, bis der tatsächlich direkt – auch direkt am Hasen – auf meinen Pfiff gehört hat und zurück gekommen ist. Insgesamt hat das Training zwei Hasen das Leben, mich mindestens fünf Jahre meiner Lebenszeit an Nerven und drei Kindern zerstörte Illusionen über Hunde gekostet.

Wenn ich an den Todesstern denke, hab ich noch einen kleinen Packen Arbeit vor mir. Diese Hündin ist ein Beispiel par excellence, was das Thema Bindung angeht. In ihrer Welt verrutscht manchmal die Glitzerknete so dermaßen, dass sie fast orientierungslos scheint. Als Halterin stehe ich nun vor der ewigen Entscheidung: lass ich die frei laufen und nehme in Kauf, dass die entweder panisch vor irgendeinem plötzlich auftauchenden Brontosaurier das Weite sucht oder etwas Jagenswertes findet? Wir haben schon eine – finde ich – gute Bindung zueinander. Bindung, diese exklusive und intensive Beziehung, haben nicht alle Halter zu ihren Hunden. Der Todesstern hat beschlossen, dass ich genau jene Fähigkeiten und Talente besitze, die ihre eigenen gut ergänzen. Und damit ist nicht der Kauf des Sofas der Wahl oder das mördergeile Futter vom besten „Dubarfstdennicht?" gemeint. Motzi verlässt sich in Krisensituationen auf mich, da bin ich Anker. Ich regele Dinge für die Hündin, wo sie nicht mehr weiterkommt. Im Gegenzug hilft sie mir sehr oft auf dem emotionalen Weg oder bereitet mir im Sport eine riesengroße Freude. Doch eben genau diese Bindung macht bei dem schwarzen Torpedo den Rückruf recht schwierig. Denn sie spricht mir tatsächlich Kompetenzen in Geschwindigkeit und jagdlicher Eignung ab. Das, gepaart mit Hormonen, Dopamin und diversen anderen Einflüssen aus der Umwelt, macht einen Freilauf bei ihr etwas tricky. Da ich selbst nicht gerne einfach konditioniere, sondern wirklich Wert auf eine gesunde Beziehung zwischen dem Hund und mir lege, habe ich mir gerade für den Fall „Todesstern" Trainerhilfe geholt. Was beim Galgo damals aus reiner Intuition geklappt hat, versagt bei der Hündin komplett. Peter Stanberg ist meine persönliche Wunderwaffe. Ich lege ja auch Wert darauf, dass ich mit dem Trainer, der mir helfen soll, auch irgendwie klar komme. Also brauch ich jemanden, der nicht direkt in der nächsten Psychiatrie anruft, wenn ich von meinen Problemen in Sachen „Hund" berichte.

Peter nahm sich des Todessterns und mir an und beurteilte erst einmal das, was da ist. Nämlich Beziehung und den ganzen Kram. Er nahm bei der Hündin mal vorsichtig die Schädelplatte ab, kontrollierte sämtliche Kabelbrüche und die korrekte Verschnallung der Glitzerknete. Murmeln waren grad aus, deswegen hat Motzi ihn auch nicht direkt angebrüllt. Irgendwie sah sie ein bisschen so aus, als ob sie extra für ihn in tausend Einzelteile zerfallen wollte. Einzelteile, von denen jedes herrlich glitzert und die man nur mit sehr viel Fachverstand wieder zusammennageln kann.

Und was soll ich sagen, Peter hat es geschafft. Er sagte ein paar Dinge zu mir, zur Hündin und bestärkte mich in dem, was ich schon getan habe. Im Grunde bleiben wir also bei unserer Linie. Der Kern – nicht nur im Rückruf – bleibt wie gehabt meine Überzeugung. Wenn ich das nicht wirklich will, was ich da von mir gebe, wird es nicht funktionieren. Wie in der unendlichen Geschichte: Tu, was Du willst. Wenn also der Todesstern mit beachtlicher Beschleunigung von dannen heizt, am besten, um Sekunden später in einem Tutnix einzuschlagen, der die falsche Glitzerknete dabei hat und auch noch Tennis anstatt Basketball mag, WILL ich, dass die asap (as soon as possible) wieder bei mir am Bein klebt. Gerne ohne Verletzungen, aber die hat in meinem Aktionsraum wieder aufzutauchen. Erstaunlicherweise – funktioniert das. Der Arschlochköter weiß, dass ich es absolut ernst meine und keine Diskussion um das Wie oder Warum haben will. Die kommt zurück. Funktioniert nur leider noch nicht zuverlässig beim Jagen, aber da sind wir auch dran.

Die Brücken am Dackel

Der Dackel ist ja ein recht niedlicher Geselle. Also so rein von der Optik. Wenn man sowas mal zuhause hatte, kriegt man täglich einen Milcheinschuss wegen dieser süßen, braunen Knopfaugen, die einem grundsätzlich suggerieren, dass man das zarte Wesen beim Füttern vergessen hat. Ignoriert man das, können diese putzigen Gesellen ganz schön nervig werden. So klein und flink wie die (meist, wenn nicht total rund gefüttert) sind, so gewieft sind die auch. Und stur bis zum Umfallen.

Unser hauseigener Terrorist in Miniaturform war genauso ein Dackel. Meinungsresistent, schwer erziehbar (was aber keinen gestört hat) – aber total niedlich. Meine Eltern schafften extra was „Kleines" an, weil man der Überzeugung war, dass die weniger Arbeit machen. Weit gefehlt. Anfangs funktionierte das noch ganz prima, wir konnten mit dem Mini-Teil super ins Gelände zuckeln. Bis irgendwann der Jagdtrieb durchkam. Und meine Mutter dem ständig irgendwas Nettes zu Essen geben musste. So aufgepumpt um die Taille, musste der natürlich doppelt was darstellen, sonst hätte den ja eh keiner ernst genommen (was die anderen Hunde in der Nachbarschaft sowieso nicht gemacht haben. Störte den Dackel aber auch nicht).

Ein Standard-Spaziergang sah dann folgendermaßen aus: Kind, nimm dat Dackel an die Leine! Und nimm die Schaufel mit! (Es war die Zeit, lange bevor es Handy und so nen Kram gab. Ältere unter uns erinnern sich) Also kriegt das Kind (ich) eine Leine samt jagdlich aufgeregtem Dackel in die Hand, eine kleine Schaufel in die andere und den Hinweis „Geh lieber hinten, da, wo nicht so viele Bäume sind, ne?" Ab dafür. Also geht eine kleine Antje mit einem kleinen Dackel, der seinen Puls schon mal auf dreitausend hochjustiert, auf die Pirsch. Damals fand ich das aber irgendwie putzig, wie der so durchs Gras gehoppelt ist und bin meistens über Wiesen und Felder gelaufen. Heute weiß ich – das war Scheiße. Denn da wohnen die Hasen ja auch ganz gerne.

Das wusste der Dackel übrigens auch sehr genau. Die Leine, an der einen Seite immer noch brav in meiner Faust, verschwand plötzlich auf der Seite, wo eigentlich der Dackel sein sollte, in einem Erdloch. Verdammte Axt, er hat es geschafft. Teile seiner Pfoten und ein irrsinniges Gejapse waren alles, was vom Dackel noch über war. Damit man keinen Ärger bekam, weil man den Dackel entnervt einfach im Bau zurückgelassen hatte, fing ich an zu buddeln. Wenn man die Teile öfter mal ausgraben muss, bekommt das ein wenig den Geschmack einer historischen Grabung. Also stellte ich mir immer Schliemann vor, der gerade Troja ausbuddelt. Schliemann hatte zwar weniger Dackel, aber ich war voll drin, in der Geschichte.

Wenn man den halben Dackel mal freigelegt hatte, brauchte man eigentlich nur noch die Hände um die nicht vorhandene Taille des Erdviechs zu packen und einmal richtig zu ziehen.

Meistens ertönte dann ein saftiges „Fupp" und der debile Jagdhund mit der verschobenen Wahrnehmung zum eigenen Körper war wieder am Tageslicht. Mit Kilotonnen Erde im Gesicht, in den Augen und überhaupt sah der aus wie ein Hobbymaulwurf. Aber glücklich war der. Ich nicht so. Wenn man das jeden Tag machen muss, hat man irgendwann die komplette Antike ausgegraben und dann wird es auch irgendwann langweilig.

Der Dackel wurde übrigens – trotz massiver Gewichtszunahme dank übermäßigem Füttern – 15 Jahre alt.

Robust sind die ja, die Kleinen.

Danksagung

Halter, deren Hunde nicht immer zu 100 Prozent funktionieren, können einiges in meinen Erzählungen aus dem Alltag nachvollziehen.

Es sind Menschen, die verstanden haben, dass Hunde Tiere sind und bleiben – auch wenn diese vollwertige Familienmitglieder sind und manchmal ein anderes Verhalten wünschenswert wäre. Diejenigen Halter, die meistens sogar selbst einen sehr harten menschlichen Weg gehen mussten, verstehen Arschlochhunde. Es ist genau diesen Liebhabern der Charakterköpfe möglich, einfach mal etwas scheiße zu finden.

Der Experte wird zum Betroffenen – und manchmal sogar zum Wissenschaftler. Wir rätseln täglich aufs Neue, wie nun die Struktur der Glitzerknete im Hundekopf aussieht, wo sich der gottverdammte Kabelbrand in der Blackbox hinter den wütenden Hundeaugen befindet. Positivisten suggerieren uns, dass wir einfach nicht positiv genug sind, dass unsere eigenen Arschlöcher vielleicht einfach nicht sozialisiert sind.

Zu einem Lebewesen gehört aber so viel mehr als reine Sozialisierung.

Und genau dies wird in den Erzählungen des Arschlochhundes deutlich. Der Wille, mit genau den individuellen Alltagsproblemen dieser Nicht-Mainstream-Hunde umgehen zu können. Wenn ich auch nur einem der geschätzten Leser ein Lächeln mit auf den nächsten Spaziergang geben kann, habe ich einen vollen Erfolg mit der Veröffentlichung der Geschichten rund um meine Arschlochhunde erzielt. Nehmt nicht alles immer zu ernst. Lacht über euch. Nehmt Dinge, wie sie kommen. Manchmal muss man Sichtweisen und das eigene Denken in Frage stellen. Wir alle lernen – und das ständig. Ein Arschlochhund als solchen zu betiteln ist natürlich kein Freibrief. Man muss beständig und weiter an sich und dem Hund arbeiten. Wie es sich für jede gute Beziehung eben gehört.

Mein persönlicher Dank geht an folgende Menschen, ohne die es den Arschlochhund in dieser Form nicht geben würde:

Michaela Hoppe, die Zweitmama meiner Hunde, großartige Freundin und Zuhörerin.

Martin Stuhldreier, der seit Ewigkeiten mein bester Freund ist und mich in jedem Geisteszustand erträgt und hält.

Meine Tochter und mein Sohn – ich liebe euch! Ohne euch wäre mein Leben nicht ganz.

Meine Eltern, die mich zu dem erzogen haben, was ich bin. Die mir immer ein sicherer Hafen sind und waren und mir Halt und Liebe gegeben haben.

Weitere Menschen, die mir wichtig sind und mein Projekt voll unterstützt und mir den Rücken gestärkt und freigehalten haben:

Mr. 100%, den ich durch meine Texte kennen und lieben gelernt habe: Stephan, Anastasia Moiseeva, Anja Grund-Mohs, Aurelia Franke-Hornung, Tobias A., Peter Stanberg, The Turban Outlaw Alok Paleri, Beate Schneider (auch wenn du immer noch Atemlos für mich singst), Sabine und Udo Freialdenhofen (für die furchtbar langen Telefonate, wenn ich mal wieder nicht weiter wusste), Frank Goralski (kein Horst unter den Tierschützern – bitte mach weiter so!), und die vielen anderen Freunde, Facebook-Freunde und auch Tierschützer (die mit mir auch einiges ertragen müssen).

Ich verneige mich vor euch!
Eure Antje